食品蛋白质科技热点术语

TERMS IN FOOD PROTEIN SCIENCE AND TECHNOLOGY

杜　明　等◎编著

中国轻工业出版社

图书在版编目(CIP)数据

食品蛋白质科技热点术语/杜明等编著. —北京：
中国轻工业出版社,2024.6
ISBN 978-7-5184-4695-7

Ⅰ.①食…　Ⅱ.①杜…　Ⅲ.①食品蛋白—名词术语—
研究　Ⅳ.①TS201.2

中国国家版本馆 CIP 数据核字(2024)第 046636 号

责任编辑:武艺雪　　　　　责任终审:白　洁
文字编辑:赵萌萌　　　　　责任校对:朱　慧　朱燕春　　封面设计:锋尚设计
策划编辑:马　妍　武艺雪　版式设计:砚祥志远　　　　　责任监印:张　可

出版发行:中国轻工业出版社(北京鲁谷东街 5 号,邮编:100040)
印　　刷:三河市万龙印装有限公司
经　　销:各地新华书店
版　　次:2024 年 6 月第 1 版第 1 次印刷
开　　本:787×1092　1/16　印张:10.75
字　　数:245 千字
书　　号:ISBN 978-7-5184-4695-7　定价:158.00 元
邮购电话:010-85119873
发行电话:010-85119832　010-85119912
网　　址:http://www.chlip.com.cn
Email:club@chlip.com.cn
版权所有　侵权必究
如发现图书残缺请与我社邮购联系调换
230836K1X101ZBW

作者简介

杜明 大连工业大学食品学院教授,博士生导师,副校长,朱蓓薇院士团队"蛋白质科学与技术"研究方向负责人。入选国家"万人计划"科技创新领军人才、科技部中青年科技创新领军人才、教育部新世纪优秀人才。兼任全国食品与营养专业学位研究生教育指导委员会委员、辽宁省食品科学技术学会副理事长;任 *Food Science and Human Wellness*、*Protein and Peptide Letters*、《食品科学》、《食品工业科技》、《食品研究与开发》、《大连工业大学学报》等期刊编委。

主要从事以下研究领域:

(1)食源性蛋白构效关系及活性机制;

(2)专用功能性蛋白质配料加工技术;

(3)民族特色食品加工及产业化。

杜明教授主持"十四五"国家重点研发计划项目、"十三五"国家重点研发计划项目、国家自然科学基金重点项目等多项课题。作为主要完成人荣获国家级教学成果二等奖、省部级科技进步一等奖、省部级技术发明二等奖等奖励。

前　言

　　随着科学技术的不断发展和升级,蛋白质和多肽的相关研究成果层出不穷,国内外呈现爆发式增长,尤其是我国,针对蛋白质和多肽的研究后来居上,在很多领域已达到引领水平。在这种情况下,涉及蛋白质和多肽的新术语不断出现,同时伴随术语适用范围亟须更新的问题。新产生的术语主要集中在活性物质开发、功能因子及其活性机制研究、活性蛋白、活性多肽以及相关产品的产业化、活性物质高效制备、营养及代谢规律、阐述活性物质构效关系及活性机制、蛋白质改性和绿色加工等众多领域。以生物活性蛋白和多肽开发为例,大规模的生物活性物质的研究始于 20 世纪 60 年代,迄今为止已经发现具有重要生理及药理活性的化合物达 30000 多种,蛋白质和多肽是其主要的功能性成分;近年来,加拿大、美国、日本等国家,非常重视生物活性物质的研究与开发,尤其在相关基础科学领域的研究更处于领先地位。在这些蛋白质或多肽研究与开发的过程中,新术语伴随在处理(酶解)或改性、分离纯化、结构鉴定、功效关系、产品制备等整个产业链中。

　　国民营养与健康状况是反映一个国家或地区经济与社会发展的重要指标,良好的营养和健康状况是社会经济发展的基础。2016 年 8 月 19 日—20 日,全国卫生与健康大会在北京举行。习近平总书记出席会议并发表重要讲话,强调没有全民健康,就没有全面小康。要把人民健康放在优先发展的战略地位,以普及健康生活、优化健康服务、完善健康保障、建设健康环境、发展健康产业为重点,加快推进健康中国建设。

　　蛋白质和多肽研究是保障全民营养的重要支柱,而蛋白质科学相关术语的标准化、规范化在政策制定和实施、蛋白质产业化制备、商品流通、大众消费等诸多领域发挥着至关重要的作用。本书针对食品蛋白质、食品多肽、食品氨基酸、食品酶与受体四个领域的名词进行解释,基于基础研究、分析测定方法、加工技术三个方向进行分类汇总;其中更新名词是蛋白质研究领域内新兴的名词,主要摘自领域内英文文献,并通过翻译校准获得。通过对食品蛋白质领域热点术语的研究和规范化,可为生产者、研发人员、消费者等提供相应的依据,为本领域的健康发展保驾护航。

　　本书编写过程中,得到国内从事该领域研究者的大力支持。全书由大连工业大学杜明进行整体策划与设计,并参与统稿与文字校对工作;大连工业大学吴超、昆明理工大学易俊洁进行了统稿与文字校对工作;中国农业大学赵广华、福州大学汪少芸参与了全书的结构设计,并参与了部分文字的校对工作。全书共四章,第一章食品蛋白质领域热点术语由大连工业大学吴超负责编写,第二章食品多肽领域热点术语由大连工业大学程述震负责编写,第三章食品氨基酸领域热点术语由大连工业大学王震宇负责编写,第四章食品酶与受体领域热点术语由大连工业大学徐献兵负责编写。与此同时,大连工业大学夏小雨、蔡文强、张鑫和林俊鑫等研究生也参与了全书文字的整理和校对工作。众人拾柴火焰高,在此对各位研究者们的贡献一并表示感谢。

限于作者水平,书中疏漏和不妥之处在所难免,恳请读者指正。

2024 年 1 月

编排说明

一、本书公布的是第一版食品蛋白质科技领域热点术语名词，共 1498 条，每条名词均给出了定义或注释。定义一般只给出其基本内涵。

二、全书共四部分：食品蛋白质领域热点术语、食品多肽领域热点术语、食品氨基酸领域热点术语和食品酶与受体领域热点术语。

三、全书名词基于不同分类的名词特点进行针对性汇总，便于读者梳理和理解。食品蛋白质领域分章节从基础研究、加工制备、产品流通三个方面进行分述。食品多肽领域分章节从酶解制备、分离纯化及鉴定、构效关系、产品加工四个方面分述。食品氨基酸分章节从理化性质、功能与活性机制、分析检测、发酵生产四个方面进行分述。食品酶与受体分章节从分子结构、活性机制、构效关系三个方面进行分述。

四、书中每一章节均设置了更新名词。更新名词是蛋白质研究领域内新兴的名词，主要摘自本领域英文文献，并通过翻译校准获得。

目　　录

1 食品蛋白质领域热点术语

1.1 蛋白质基础研究

1.1.1 蛋白质功能性质

1.001 蛋白质

蛋白质指由氨基酸以"脱水缩合"的方式组成的多肽链经过盘曲折叠形成的具有一定空间结构的物质。作为组成人体一切细胞、组织的重要成分,蛋白质是生命的物质基础,是有机大分子,是构成细胞的基本有机物,是生命活动的主要承担者。

1.002 蛋白质一级结构

蛋白质一级结构指氨基酸残基在蛋白质肽链中的排列顺序,每种蛋白质都有独立而确切的氨基酸序列。肽键是一级结构中连接氨基酸残基的主要化学键,有些蛋白质还包括二硫键。

1.003 蛋白质二级结构

蛋白质二级结构指按一定的规则卷曲(如 α-螺旋结构)、折叠(如 β-折叠结构)或无规则卷曲而形成特定的空间结构。规则的蛋白质二级结构主要依靠肽链中氨基酸残基亚氨基(—NH—)上的氢原子和羰基上的氧原子之间形成的氢键而实现。二级结构的形式有 α-螺旋、β-折叠、β-转角、Ω-环。其中 α-螺旋是常见的二级结构,且多为右手螺旋。β-折叠是多肽链形成的片层结构,呈锯齿状。β-转角和 Ω-环则存在于球状蛋白中。

1.004 蛋白质三级结构

在蛋白质二级结构的基础上,肽链还按照一定的空间结构进一步形成更复杂的三级结构。肌红蛋白、血红蛋白等正是通过这种结构使其表面的空穴恰好容纳一个血红素分子。维系蛋白质三级结构最主要的作用力为疏水作用。此外,二硫键在稳定某些蛋白质的空间结构中也起着重要作用。

1.005 蛋白质四级结构

蛋白质四级结构指具有蛋白质三级结构的多肽链按一定空间排列方式通过非共价键结合在一起形成的聚集体。如血红蛋白由4个具有三级结构的多肽链构成,其中2个是 α-链,另2个是 β-链,其四级结构近似椭球形状。

1.006 蛋白质变性

蛋白质变性指特定物理或化学因子导致蛋白质非共价结构被破坏,以及立体结构丧失的过程。

1.007 蛋白质复性

蛋白质复性指变性蛋白质分子结构和活性恢复的过程。

1.008 蛋白质合成

蛋白质合成可以是生物合成,也可以是化学合成。蛋白质化学合成比较简单,即在体外按设计的氨基酸顺序,将氨基酸逐个人工连接成多肽。目前多采用固相合成法,在多聚体支持物上延伸连接的氨基酸,因而可以自动化操作。蛋白质生物合成比较复杂,即一定需要利用"翻译机器"在体内翻译合成蛋白质。在离体条件下,利用无细胞翻译体系也可以由信使核糖核酸指导合成蛋白质。

1.009 蛋白质降解

蛋白质降解指蛋白质肽键断裂成为较小碎片,乃至游离氨基酸的过程。除了蛋白质在机体中的消化和蛋白质的分解代谢外,细胞中的很多重要事件也与某些特定蛋白质降解有关,如细胞周期调控、细胞凋亡、信号转导和抗原提呈等。蛋白质降解和蛋白质的结构有关。不同的蛋白质在细胞内不同的场所降解,主要是溶酶体和蛋白酶体。细胞质内蛋白质的 N-末端氨基酸残基的性质也影响蛋白质寿命。

1.010 蛋白质聚集

蛋白质聚集指去折叠的蛋白质分子间通过弱相互作用而形成不定形高聚态复合体的过程。

1.011 蛋白质裂解

蛋白质裂解指蛋白质肽链中有限肽键的断裂过程。与蛋白质降解为较小碎片过程不同,该过程仅涉及单个肽键断裂或很少几个肽键的断裂,且高度受控,与很多生物学过程有关,如酶原和各种前体蛋白质的激活。

1.012 二硫键

二硫键指 2 个硫原子之间形成的共价键。一般指多肽链中的 2 个半胱氨酸残基侧链的巯基之间氧化形成的共价键。可以存在于肽链间,也可以存在于肽链内。

1.013 蛋白质的等电点

蛋白质的等电点指蛋白质净电荷为 0 时溶液的 pH。在此 pH 时,不仅蛋白质在电场中的迁移率为 0,而且溶解度最低,往往会形成沉淀析出。当溶液 pH 低于等电点时,蛋白质带正电;pH 高于等电点时,蛋白质带负电。

1.014 蛋白质的等离子点

蛋白质的等离子点指蛋白质在纯水溶液中所带净电荷为 0 时溶液的 pH。

1.015 蛋白质靶向

蛋白质靶向是指导蛋白质新生肽链转运到达细胞内特定目的地的过程,以利于这些蛋白质在特定的位点行使特定的功能。

1.016 蛋白质磷酸化

蛋白质磷酸化指蛋白质中一些氨基酸残基修饰的一种方式,是蛋白质中 9 种氨基酸残基侧链基团接上磷酸的过程,最常见的磷酸化氨基酸残基是丝氨酸、苏氨酸和酪氨酸。

磷酸化有两种情况:一是在新生肽链成熟过程中发生的不可逆的化学修饰,如酪蛋白中的磷酸化;二是成熟蛋白质在行使功能时的可逆的磷酸化。磷酸化对蛋白质的功能和活性调节起重要作用,几乎涉及所有生理和病理过程,如代谢调控、细胞增殖和生长发育、转录调控、基因表达、肌肉收缩、神经递质合成与释放,甚至癌变等,并在细胞信号转导过程中发挥极其重要的作用。

1.017 蛋白质稳定性

蛋白质稳定性指蛋白质结构,尤其指三维结构保持完整不变的能力。在抗逆环境下,稳定性包括热稳定性、抗化学变性剂的化学稳定性和抗蛋白酶的抗降解稳定性等。

1.018 蛋白质相互作用

蛋白质相互作用指 2 个或多个蛋白质为了实现一定的生物学功能,通过物理或化学交互作用接触结合在一起。

1.019 蛋白质的凝固作用

蛋白质经强酸、强碱作用发生变性后,仍能溶解于强酸或强碱溶液中,若将 pH 调至等电点,则变性蛋白立即结成絮状的不溶解物,此絮状物仍可溶解于强酸和强碱中。如再加热,则絮状物可变成比较坚固的凝块,此凝块不易再溶于强酸和强碱中,这种现象称为蛋白质的凝固作用。

1.020 蛋白质的生物活性

蛋白质的生物活性指蛋白质具有的酶、激素、毒素、抗原与抗体等活性,以及其他特殊性质如血红蛋白的载氧能力,肌球蛋白与肌动蛋白相互作用时的收缩能力等。

1.021 蛋白质的功能性质

蛋白质的功能性质指除营养价值外,对食品特性有利的蛋白质的物理化学性质。

1.022 蛋白质互补

蛋白质互补指将营养价值不同的蛋白质以一定比例混合后,相对含量不足的氨基酸可以得到相互补偿,使其整体氨基酸组成模式与机体的需要接近,从而提高蛋白质的营养价值。

1.023 抗营养因子灭活

抗营养因子灭活指通过某种处理方法使食物中的抗营养因子失去或大幅降低其活性,从而减少其对人体的负面影响。

1.024 蛋白质定向效应

蛋白质定向效应指在特定的生物环境中,蛋白质能够按照特定的方向或方式展现出特定的功能或作用。这种效应通常是由蛋白质的结构和构象决定的,包括氨基酸残基的排列方式、蛋白质的折叠形态以及与其他分子之间的相互作用等因素。

1.025 盐键

盐键指正电荷与负电荷之间的一种静电吸引作用又称盐桥或离子键。

1.026 α-螺旋

α-螺旋是一种重复性结构,螺旋中每个 C_α 的 ϕ 和 ψ 分别在 $-57°$ 和 $-47°$ 附近,每圈螺旋占 3.6 个氨基酸残基,沿螺旋轴方向上升 0.54nm,称为移动距离或螺距。每个残基绕轴旋转 100°，沿轴上升 0.15nm。残基的侧链伸向外侧。如果侧链不计在内，螺旋的直径约为 0.5nm。相邻螺圈之间形成氢键，氢键的取向几乎与螺旋轴平行。

1.027　β-折叠

β-折叠是一种重复性结构，可以把它想象为由折叠的条状纸片侧向并排而成，每条纸片可看成是一条肽链，在这里肽主链沿纸条形成锯齿状，C_α 位于折叠线上。

1.028　β-转角

β-转角是一种非重复性结构。在 β-转角中第 1 个残基的 C ═O 与第 4 个残基的 N—H 氢键键合，形成一个紧密的环，使 β-转角成为比较稳定的结构。

1.029　无规则卷曲

无规则卷曲指不能被归入明确的二级结构（如折叠或螺旋）的多肽区段。

1.030　蛋白质折叠

蛋白质折叠指通过氨基酸残基间的非共价相互作用，多肽链形成特定三维立体结构的过程。

1.031　蛋白质折叠类型

根据蛋白质二级结构组成及其不同的排布可将蛋白质分成不同的折叠类型，如 α-螺旋类、β-折叠类、α+β 类、α/β 类及无规则结构类等。

1.032　蛋白质组学

蛋白质组学是生物学的一门分支学科。该学科阐明了生物体基因组在细胞中表达的全部蛋白质的表达模式及功能模式。该学科的研究内容包括鉴定蛋白质的表达、存在方式（修饰形式）、结构、功能和相互作用等。目前广为关注的有两方面：一是有关疾病的蛋白质组学研究，以期了解疾病的发病机制，开发新药；二是有关研究技术。

1.033　蛋白质构象

蛋白质分子是由氨基酸首尾相连而成的共价多肽链，但是天然的蛋白质分子并不是走向随机的松散多肽链。每种天然蛋白质都有特有的空间结构或称三维结构，这种三维结构通常称为蛋白质构象。

1.034　超二级结构

在蛋白质分子中特别是在球状蛋白质分子中，经常可以看到由若干相邻的二级结构元件（主要是 α-螺旋和 β-折叠）组合在一起，彼此相互作用，形成种类不多的、有规则的二级结构组合或二级结构串，在多种蛋白质中充当三级结构的构件，称为超二级结构。

更新名词

1.035　蛋白质颗粒

蛋白质颗粒是由蛋白质通过共价或非共价相互作用形成的颗粒。这些颗粒可以是天然存在于食材中的蛋白质聚集体，也可以是加工过程中形成的蛋白质聚集物。其粒径分布范围非常广泛，从小的低聚体到大的 $100\mu m$ 长的聚集体不等。蛋白质颗粒在食品中起着重要的功能作用，如增加口感、稳定乳液、改善质感等。

1.036 蛋白质的柔性区间

蛋白质的柔性区间指在蛋白质分子中的空间结构易于发生改变的部分。柔性区间也可解释为连接各段刚性区间的部分，用于调整各段刚性区间的相对位置关系。蛋白质结构中的柔性部分往往与蛋白质的功能密切相关。蛋白质的空间结构可以随周围环境的改变而发生相应的变化，或者在与其他生物大分子，如蛋白质及核酸等相互作用时发生相应的变化，因此蛋白质的柔性区间对于其正常功能的发挥至关重要。蛋白质柔性结构在分子识别、酶催化、抗原-抗体相互作用和变构调节中起着非常重要的作用。

1.037 蛋白质的刚性区间

蛋白质的刚性区间通常指蛋白质分子中的那些结构比较稳定、不容易发生变形或运动的部分。这些刚性区间对于蛋白质的功能和结构起着重要的作用。

1.038 蛋白冠

蛋白冠指纳米材料进入生物环境如含血清培养基或血液等体液之后，其表面吸附的一层或多层蛋白所组成的结构。一般来说，根据蛋白质的排列方式和与纳米颗粒结合的方式，蛋白冠可分为恒定蛋白冠和动态蛋白冠。

1.039 恒定蛋白冠

对纳米粒子亲和性较强的蛋白质大量吸附在纳米粒子表面，形成恒定蛋白冠。恒定蛋白冠蛋白分子的位置更靠近纳米颗粒表面，对纳米颗粒有较强的吸附作用。恒定蛋白冠的组成相对稳定，不易与环境中的其他蛋白质交换。

1.040 动态蛋白冠

对纳米粒子竞争力较弱的蛋白质吸附在恒定蛋白冠的外围形成动态蛋白冠。动态蛋白冠的蛋白质分子通常附着在恒定蛋白冠的外围，对纳米粒子的亲和力较低，蛋白质组分在生物环境中容易与其他蛋白质交换。

1.1.2 蛋白质分类/组成

1.041 单纯蛋白质

单纯蛋白质是指分子组成中，除氨基酸构成的多肽蛋白成分外，没有任何非蛋白成分的蛋白质。

1.042 结合蛋白质

结合蛋白质由单纯蛋白质与其他化合物结合构成，被结合的其他化合物通常称为结合蛋白质的非蛋白部分（辅基）。按其非蛋白部分的不同分为核蛋白（含核酸）、糖蛋白（含多糖）、脂蛋白（含脂类）、磷蛋白（含磷酸）、金属蛋白（含金属）及色蛋白（含色素）等。

1.043 单体蛋白

单体蛋白由1条肽链构成，最高结构为三级结构。包括由二硫键连接的几条肽链形成的蛋白质，其最高结构也是三级。多数水解酶为单体蛋白。

1.044 寡聚蛋白

寡聚蛋白包含 2 个或 2 个以上三级结构的亚基。可以是相同亚基的聚合，也可以是不同亚基的聚合，如血红蛋白为四聚体，由 2 个 α-亚基和 2 个 β-亚基聚合而成（$\alpha_2\beta_2$）。

1.045 多聚蛋白

多聚蛋白指由数十个亚基以上，甚至数百个亚基聚合而成的超级多聚体蛋白，如病毒外壳蛋白。

1.046 活性蛋白

活性蛋白指一类具有生物学功能并能够参与生物体代谢和调节的蛋白质分子。它们能够通过与其他分子或化合物发生特定的相互作用，从而实现其功能。活性蛋白通常具有特定的结构和构象，这使得它们能够与其他分子结合并发挥特定的生物学活性。

1.047 非活性蛋白质

非活性蛋白质指失去了其正常功能或无法参与生物活动的蛋白质。非活性蛋白质可能由于突变、损伤、磷酸化等原因导致其结构或功能发生改变，无法正常发挥作用。非活性蛋白质在细胞内可能被降解或通过修复机制进行修复。对于某些疾病或异常状态，非活性蛋白质的积累或缺乏可能与疾病的发生和发展有关。

1.048 全 α 结构（反平行 α-螺旋）蛋白质

全 α 结构（反平行 α-螺旋）蛋白质是 α-螺旋占极大优势的结构。全 α 结构又可分为几个亚类，最简单的、最大的亚类是反平行螺旋束。此结构中 α-螺旋一上一下地反平行排列，因此也称上下型螺旋束。相邻螺旋之间以环相连，形成近似筒形的螺旋束。

1.049 α,β 结构（平行或混合型 β-折叠）蛋白质

α,β 结构（平行或混合型 β-折叠）蛋白质是以平行或混合型（含平行和反平行 β-折叠）折叠为结构基础的。平行 β-折叠的两侧分布有疏水侧链，这意味着平行 β-折叠的任一侧都不能暴露于溶剂，因此平行 β-折叠一般存在于蛋白质的核心结构，很少与溶剂接触。

1.050 全 β 结构（反平行 β-折叠）蛋白质

全 β 结构（反平行 β-折叠）蛋白质是一类具有特定二级结构的蛋白质。在全 β 结构蛋白质中，蛋白链主要由 β-折叠组成，而没有 α-螺旋结构。β-折叠通过氢键相互连接，形成稳定的 β-折叠结构。全 β 结构蛋白质可以有不同的拓扑结构，如 β-桶、β-卷曲、β-三层等。这种类型的蛋白质在生物体内发挥重要的功能，包括酶活性、结构支撑和信号传导等。全 β 结构蛋白质的稳定性和功能特点使其成为生物学研究的重要对象。

1.051 同源蛋白质

同源蛋白质指在不同生物体中行使相同或相似功能的蛋白质。

1.052 序列同源性

序列同源性指同源蛋白质的氨基酸序列具有的明显的相似性。

1.053 细胞色素 c

细胞色素 c 是一种含血红素的电子传递蛋白,它存在于所有真核生物的线粒体中。

1.054 清蛋白

清蛋白溶于水及稀盐、稀酸或稀碱溶液,可被饱和硫酸铵沉淀。它广泛存在于生物体内,如血清清蛋白、乳清蛋白。

1.055 球蛋白

球蛋白为半饱和硫酸铵所沉淀。不溶于水而溶于稀盐溶液的称为优球蛋白,溶于水的称为假球蛋白。它广泛存在于生物体内,如血清球蛋白、肌球蛋白和植物种子球蛋白等。

1.056 谷蛋白

谷蛋白不溶于水、醇及中性盐溶液,但易溶于稀酸或稀碱,如米谷蛋白和麦谷蛋白。

1.057 组蛋白

组蛋白溶于水及稀酸,但可被稀氨水沉淀。分子中组氨酸、赖氨酸较多,分子呈碱性,如小牛胸腺组蛋白等。

1.058 鱼精蛋白

鱼精蛋白溶于水及稀酸,不溶于氨水。分子中碱性氨基酸特别多,因此呈碱性,如鲑精蛋白。

1.059 硬蛋白

硬蛋白不溶于水、盐、稀酸或稀碱。这类蛋白是动物体内作为结缔及保护功能的蛋白质。例如,角蛋白、胶原、网硬蛋白和弹性蛋白。

1.060 糖蛋白

糖蛋白是一类具有糖基团与蛋白质共价结合的生物分子。它们是由蛋白质与糖分子通过糖基转移酶催化形成的复合物。糖蛋白广泛存在于细胞表面、细胞外基质和体液中,起着重要的生物学功能。

1.061 脂蛋白

脂蛋白是一类复杂的蛋白质分子,它在生物体内起着重要的运输和代谢调节功能。脂蛋白由蛋白质和脂质组成,其中脂质通常是胆固醇、甘油三酯、磷脂等。脂蛋白可以与脂质结合形成复合物,在体内运输和转运脂质。

1.062 磷蛋白

磷蛋白是一类含有磷酸基团的蛋白质,通过共价结合的磷酸酯键与磷酸根离子相连,从而在蛋白质分子中引入负电荷。磷蛋白在生物体中扮演着重要的角色,参与调节细胞的多种生理过程,如细胞信号传导、代谢调控、蛋白质合成等。磷蛋白的磷酸化和去磷酸化过程也是细胞信号传导的重要调控机制之一。

1.063 金属蛋白

金属蛋白是一类蛋白辅基或辅因子含金属的蛋白质的统称。如铁蛋白含 Fe,乙醇脱氢酶含 Zn,细胞色素氧化酶含 Cu 和 Fe,固氮酶含 Mo 和 Fe,丙酮酸羧化酶含 Mn。

1.064 调节蛋白

许多蛋白质能调节其他蛋白质执行其生理功能的能力,这些蛋白质称为调节蛋白。如胰岛素、促生长素、促甲状腺素、乳糖阻抑物、核转录因子和分解代谢物激活剂蛋白。

1.065 转运蛋白

转运蛋白是一类位于生物细胞膜上,承担着细胞内外物质运输和传递功能的蛋白质。转运蛋白通过特定的结构和机制,将细胞内的物质,如离子、小分子、药物等,从细胞内运输至细胞外,或者将外界物质带入细胞内。

1.066 贮存蛋白

贮存蛋白是氨基酸的聚合物,氮素通常是生长的限制性养分,所以生物体在必要时会利用蛋白质作为提供充足氮素的来源。如卵清蛋白、酪蛋白、菜豆蛋白和铁蛋白。

1.067 收缩和游动蛋白

收缩和游动蛋白赋予细胞运动的能力。如肌动蛋白、肌球蛋白、微管蛋白、动力蛋白和驱动蛋白。

1.068 结构蛋白

结构蛋白指具有建造和维持生物体结构这一重要功能的蛋白质。如 α-角蛋白、胶原蛋白、弹性蛋白、丝蛋白和蛋白聚糖。

1.069 支架蛋白/接头蛋白

支架蛋白或接头蛋白是在细胞应答激素和生长因子的复杂途径中起作用的一类蛋白质。

1.070 保护和开发蛋白

与一些结构蛋白的被动性防护不同,保护和开发蛋白指在细胞防御、保护和开发方面主动作用的一类蛋白质。

1.071 异常蛋白

异常蛋白指在生物体内产生的与正常蛋白质结构或功能有所不同的蛋白质。通常情况下,蛋白质会按照基因编码的指导,通过翻译和折叠等过程正确地形成特定的结构和功能。然而,由于基因突变、环境因素、疾病等原因,有些蛋白质可能出现异常的结构或功能,即异常蛋白。

1.072 纤维状蛋白质

纤维状蛋白质是指具有比较简单、有规则的线性结构,形状呈细棒或纤维状的蛋白质。这类蛋白质在生物体内主要起结构作用。典型的纤维状蛋白质,如胶原蛋白、弹性蛋白、角蛋白和丝蛋白等,不溶于水和稀盐溶液。有些纤维状蛋白质,如肌球蛋白和血纤蛋白原,是可溶性的。

1.073 球状蛋白质

球状蛋白质形状接近球形或椭球形。其多肽链折叠紧密,疏水的氨基酸侧链位于分子内部,亲水的侧链在外部暴露于水溶剂。因此,球状蛋白质在水溶液中溶解性好。细胞中的大多数可溶性蛋白质,如胞质酶类,都属于球状蛋白质。

1.074 膜蛋白

膜蛋白与细胞的各种膜以系统结合的形式存在。为了与膜内的非极性相(羟链)相互作用,膜蛋白的疏水氨基酸侧链伸向外部。因此,膜蛋白不溶于水但能溶于去污剂溶液。膜蛋白的组成特点是所含的亲水氨基酸残基比胞质蛋白质少。

1.075　杂多聚蛋白质

杂多聚蛋白质指由 2 条或多条不同的多肽链组成的蛋白质。

1.076　α-角蛋白

α-角蛋白是一种由多肽链组成的蛋白质,是角质层中最主要的组成成分之一。它是一种结构紧密的蛋白质,具有丰富的含硫氨基酸(如半胱氨酸)。α-角蛋白具有很高的机械强度和稳定性,并且能够有效地保护皮肤免受外界环境的侵害。它的存在对于维持皮肤的完整性和防止水分流失起着重要的作用。在角质层中,α-角蛋白通过交联和堆积形成了紧密的层次结构,使皮肤表面变得光滑而坚实。

1.077　丝心蛋白

丝心蛋白是一种天然的 β-角蛋白,具有抗张强度高,质地柔软的特性,但不能拉伸。丝心蛋白分子取片层结构(即反平行 β-折叠)以平行的方式堆积成多层结构。链间主要以氢键连接,层间主要靠范德华力维系。

1.078　胶原蛋白

胶原蛋白是很多脊椎动物和无脊椎动物体内含量最丰富的蛋白质。它也属于结构蛋白质,能使腱、骨、软骨、牙、皮和血管等结缔组织具有机械强度。

1.079　弹性蛋白

弹性蛋白是结缔组织中的一种蛋白质,其最重要的性质是弹性,并因此得名。弹性蛋白使肺、血管特别是大动脉管以及韧带等具有伸展性。

1.080　肌球蛋白

肌球蛋白是构成肌纤维的主要蛋白质之一,它是一种很长的棒状分子,由 6 条多肽链组成。

1.081　原肌球蛋白

原肌球蛋白是一种纤维状蛋白质,是由 2 条不同的 α-螺旋肽链互相缠绕而成的超螺旋。亚基分子质量约为 $35×10^3 u$。原肌球蛋白以其全长沿细丝长轴与 F-肌动蛋白细丝结合,位于细丝的沟内。每个原肌球蛋白分子约与 F-肌动蛋白分子中的 7 个单体结合。原肌球蛋白能稳定并增强细丝强度,当细胞溶胶中钙离子水平降低时通过竞争肌球蛋白的结合位点而抑制肌肉收缩。

1.082　原聚体

对称的寡聚蛋白质分子是由 2 个或多个不对称的相同结构成分组成,这种相同结构成分称为原聚体。

1.083　配体

配体指在蛋白质与其他分子的相互作用中能被蛋白质可逆结合的其他分子。

1.084　别构效应

当某种小分子物质特异地与某种蛋白质(或

酶)结合后(结合部位多在远离活性部位的另一部位,通常称为别位),能够引起该蛋白质(或酶)的构象发生微妙而规律的变化,从而使其活性发生变化(活性可以从无到有或从有到无,也可以从低到高或从高到低),这种现象称为别构效应。

植物油进行油脂结构化。蛋白基乳液模板构建油凝胶具有安全性高、对环境的污染小等优点,在食品领域尤其是在替代塑性脂肪应用于食品加工、荷载脂溶性活性成分等方面有重要作用。由于凝胶因子无法直接溶于油脂中,目前,主要采用溶剂交换法、乳液模板法和泡沫模板法等间接方法制备油凝胶。

更新名词

1.085 酶糖基化蛋白

酶糖基化蛋白是在酶条件下通过糖与蛋白质结合发生糖基化反应而存在于人体内的一种物质。酶糖基化蛋白广泛分布于人体内,参与人体生长、免疫调节等生命活动。

1.086 非酶糖基化蛋白

非酶糖基化蛋白是在非酶条件下通过糖与蛋白质结合发生糖基化反应而存在于人体内的一种物质。美拉德反应产生的非酶糖基化蛋白是高级糖化终产物,对人体有负面作用,与癌症、衰老、糖尿病等疾病有关,但体外非酶糖基化蛋白经过修饰后具有实用价值。

1.087 蛋白质油凝胶

蛋白质因其独特的界面特性,在一定条件下可以作为凝胶因子,通过油凝胶技术将液态

1.088 共沉淀蛋白

共沉淀蛋白是由一种或多种原料通过等电点沉淀、酸热沉淀或酸热诱导,加上$CaCl_2$等沉淀剂形成的混合物。制备过程不仅去除了植物蛋白质来源中的大多数天然抗营养因子,而且还可以得到具有理想性能和均衡氨基酸的新型蛋白质复合材料。

1.089 蛋白质微胶囊

微胶囊技术可以将微量物质包裹在聚合物薄膜中,是一种贮存固体、液体、气体的微型包装技术。采用蛋白质作为壁材,包埋微小的固体、液体、气体制成的微胶囊颗粒称为蛋白质微胶囊。常见的制备方法有锐孔法、挤压法、乳化法和喷雾干燥法等方法,制得的微胶囊颗粒的大小一般为 $5 \sim 200 \mu m$。

1.1.3 蛋白质分离纯化

1.090 质谱

质谱是带电原子、分子或分子碎片按质荷比(或质量)的大小顺序排列的图谱。

1.091 疏水相互作用色谱

疏水相互作用色谱是一种根据物质表面疏水性进行分离纯化的色谱技术。根据疏水相互作用理论,在疏水作用色谱中肽类的保

留时间主要取决于它们表面的非极性基团与极性基团的比例,保留时间可以作为肽类的疏水性衡量尺度。

1.092　凝胶色谱法

凝胶色谱法又称分子筛色谱或排阻色谱,是依据样品分子质量的大小不同进行分离的一种色谱方法。

1.093　高效液相色谱法

高效液相色谱法是一种高效快速分离化合物的方法,用高压输液泵将不同极性的单一溶剂或不同比例的混合溶剂、缓冲液等流动相泵入装有固定相的色谱柱,经进样阀注入样品,由流动相带入柱内,在柱内各成分被分离后,依次进入检测器,色谱信号由记录仪或积分仪记录。

1.094　离子交换层析

离子交换层析是利用离子交换树脂作为介质,将带有不同电荷的蛋白质进行分离的方法。

1.095　高效液相层析

高效液相层析实际上是离子交换、分子排阻、吸附和分配等层析技术的发展新阶段,已成为目前最通用、最有力的层析形式。

1.096　超离心沉降速度法

超离心沉降速度法的分离原理比较简单,即大分子质量的分子在离心场中比小分子质量的分子沉降快而扩散慢,分子质量越大沉降速度越快,因此可以将不同大小的分子分离开来。

1.097　聚丙烯酰胺凝胶电泳

聚丙烯酰胺凝胶电泳又称圆盘凝胶电泳或圆盘电泳,是在区带电泳的基础上发展起来的。它以聚丙烯酰胺凝胶为支持物,一般制成凝胶柱或凝胶板,凝胶是由相连的两部分组成(小的部分是浓缩胶,大的部分是分离胶),这两部分凝胶的浓度(孔径大小)、缓冲液组分和离子强度、pH 以及电场强度都是不同的,即不连续的。

1.098　毛细管电泳

毛细管电泳是一种基于离子迁移速度差异的分离技术。它利用毛细管中的电场使带电分子在毛细管中进行迁移,根据其电荷、大小、形状等特性,分离出不同的化合物。毛细管电泳具有高分辨率、快速分离、微量样品需求低等优点,被广泛应用于生物、医药、环境、食品等领域的分析和研究中。

1.099　连续性凝胶电泳

连续性凝胶电泳指整个电泳系统中所用的凝胶孔径、缓冲液的组成和 pH 都相同的分离技术,电泳时沿电泳方向的电势梯度均匀分布,按常规区带电泳施加电压进行操作。

1.100　不连续凝胶电泳

不连续凝胶电泳指电泳系统中所用的凝胶孔径、缓冲液的组成和 pH 各不相同的分离技术。电泳过程中形成的电势梯度不均匀,能将较稀的样品浓缩成密集的区带,从而提高分辨率。

1.101　还原电泳

还原电泳指在电泳过程中使用还原剂来维

持样品中的还原状态的分离技术。在还原电泳中,通常会使用还原剂来防止样品中氧化物的形成。这是因为某些生物分子,在氧化条件下可能会发生不可逆的变性或损坏。通过添加还原剂,可以将样品中的氧化物还原成对应的还原物,从而保持样品的结构和功能。

1.102 非还原电泳

非还原电泳常用于分离和鉴定蛋白质或核酸样品中的不同组分,并可用于研究它们的相对分子质量、等电点、相对含量和空间结构等特性。与还原电泳不同的是,在非还原电泳中不添加还原剂来打断二硫键,因此分离的生物分子将保持其原始的构象和二级结构。

1.103 对角线电泳

对角线电泳指利用两种不同浓度的琼脂糖凝胶垂直叠加而成的斜线形状凝胶,从而形成一个连续变化浓度的梯度的分离技术。在电泳过程中,核酸分子根据其大小和结构的不同,会在对角线电泳凝胶上呈现出特定的运动方式。

1.104 等电聚焦

等电聚焦又称电聚焦,是一种高分辨率的蛋白质分离技术,也可用于蛋白质等电点的测定。从广义上说,等电聚焦是一种自由界面电泳技术。利用这种技术分离蛋白质混合物是在具有 pH 梯度的介质(如浓蔗糖溶液)中进行的。在外电场作用下各种蛋白质将移向并聚焦(停留)在等于其等电点的 pH 梯度处,并形成一个很窄的区带。

1.105 层析聚焦

层析聚焦指根据蛋白质的等电点差异分离

蛋白质混合物的柱层析方法。

1.106 亲和层析

亲和层析指利用蛋白质分子对其配体分子特有的识别能力(又称生物学亲和力)建立起来的一种有效的纯化方法。

1.107 盐溶

中性盐对球状蛋白质的溶解度有显著的影响。低浓度中性盐可以增加蛋白质的溶解度,这种现象称为盐溶。

1.108 反相层析

利用物质的溶解性,使其在固定相和流动相中进行分配。固定相是非极性的,流动相是极性的,与正常相层析正好相反,故称为反相层析。

1.109 盐析沉淀法

蛋白质在水中的溶解度取决于蛋白质分子上的解离基团、其周围水分子的数目和蛋白质的水合程度。在蛋白质溶液中加入中性盐后会压缩双电层、使和电位降低;在布朗运动的相互碰撞下,蛋白质分子结合成聚集物而沉淀析出,称为盐析沉淀法。

1.110 有机溶剂沉淀法

向蛋白质水溶液中加入一定量亲水性有机溶剂,降低蛋白质的溶解度使其沉淀析出的分离方法,称为有机溶剂沉淀法。

1.111 等电点沉淀法

在溶液中,带电的蛋白质分子比中性的蛋白质分子溶解度高。蛋白质分子所带电荷与溶液的 pH 密切相关。对大多数蛋白质来说，其溶解度在等电点附近达到最低，这是因为此时蛋白质分子间的静电斥力最小。

利用这一性质，改变溶液的 pH，使溶液 pH 接近于等电点，这就能使蛋白质沉淀，并可利用离心加以分离，称为等电点沉淀法。

1.1.4　蛋白质检测与分析

1.112　凯氏定氮法

凯氏定氮法是一种测定化合物或混合物中总氮量的方法，是经典的蛋白质定量方法。步骤是：在有催化剂的条件下，用浓硫酸消化样品，将有机氮都转变成无机铵盐，然后在碱性条件下将铵盐转化为氨，随水蒸气蒸馏出，并被过量的酸液（通常是硼酸）吸收，再以标准碱液滴定，进一步计算出样品中的含氮量。由于蛋白质含氮量比较恒定，所以可由含氮量计算蛋白质含量。

1.113　蛋白质印迹法

蛋白质印迹法是分子生物学、生物化学和免疫遗传学中常用的一种实验方法。其基本原理是通过特异性抗体对凝胶电泳处理过的细胞或生物组织样品进行着色，通过分析着色的位置和着色深度获得特定蛋白质在所分析的细胞或组织中表达情况的信息。

1.114　紫外光谱吸收法

紫外光谱吸收法是一种用于分析物质的化学分析方法，它基于物质对紫外光的吸收特性。在这种方法中，使用紫外光源照射样品，并测量样品在紫外光区域（通常是 200～400nm）吸收的光强。不同的物质具有不同的吸收特性，因此通过测量样品在不同波长下的吸收率或吸收光谱，可以确定物质的化学组成、浓度以及其他相关信息。

1.115　考马斯亮蓝 G-250 染色法

在一定浓度的乙醇和酸性溶液中，考马斯亮蓝 G-250 呈现红色。在此溶液条件下，考马斯亮蓝 G-250 可以与蛋白质结合，使考马斯亮蓝 G-250 的颜色从红色变蓝色，最大光吸收峰从 465nm 移至 595nm。考马斯亮蓝 G-250 与蛋白质的复合物在 595nm 波长处具有很高的光吸收系数，并与溶液中的蛋白质浓度呈正比。利用这一原理测定蛋白质浓度的方法称为考马斯亮蓝 G-250 染色法。

1.116　二辛可酸法

二辛可酸法（bicinchoninic acid protein，BCA）是近年来发展起来的蛋白质浓度测定方法，其优点是抗干扰能力强，其原理是：在碱性溶液中，蛋白质将二价铜还原成一价铜，后者与试剂中的 BCA 形成一个在 562nm 处具有最大吸光度的紫色复合物，其吸光度与蛋白质浓度成正比，线性范围为 20～100μg/mL。

1.117　免疫化学法

免疫化学法是一种常用的生物化学分析方法，主要用于检测和定量分析生物体内的特定分子，如蛋白质、激素、细胞因子等。该方法基于抗原与抗体之间的高度特异性结合作用，通过标记抗体或抗原使其能够产生可见的信号，从而实现对目标分子的检测和测量。

1.118　双缩脲反应

双缩脲由两分子尿素加热缩合而成,在碱性条件下与硫酸铜发生紫红色反应。蛋白质分子中含有许多和双缩脲结构相似的肽键,因此,也能发生类似反应,生成的物质呈紫红色,对 540nm 波长的光有最大吸收峰,称为双缩脲反应,通常用此反应来鉴定和定量测定蛋白质。

1.119　福林反应

蛋白质分子中含有一定量的酪氨酸和色氨酸残基,其中的酚基在碱性条件下与酚试剂的磷钼酸及磷钨酸还原生成蓝色化合物,根据颜色的深浅可进行蛋白质的定量测定,称为福林反应(酚试剂反应),其反应的灵敏度比双缩脲反应高 100 倍。

1.120　乙醛酸反应

乙醛酸反应指含有色氨酸残基的蛋白质溶液加入乙醛酸混匀后,徐徐加入浓硫酸,在两液体接触面处呈现紫红色环。血清球蛋白含色氨酸残基的量较为稳定,故临床生化检验可用乙醛酸反应来测定血清球蛋白量。

1.121　定性分析

样品通过色谱柱的分离后,经过检测器检测到的信号在色谱图上显示的是 1 个或多个色谱峰,定性分析就是鉴定每个色谱峰所代表的样品组分是何种化合物。

1.122　定量分析

定量分析指确定出样品各组分的百分比含量。在实际工作中,定量分析的依据是组分的量与检测器得到的峰值(通常为峰面积值)成正比。

1.123　内禀荧光法

内禀荧光法是一种蛋白质的内禀荧光光谱,主要与其所含的芳香族氨基酸有关,即与苯丙氨酸、酪氨酸、色氨酸有关。因此测定蛋白质的内禀荧光,能够得到蛋白质分子中芳香族氨基酸的包埋、蛋白质同其他分子的相互作用情况等方面的有用信息。

1.124　生物活性鉴定法

生物活性鉴定法是一种用于评估化合物或天然产物对生物体活性的方法。它通过一系列试验和分析,确定化合物或天然产物对目标生物体,如细胞、微生物或动物等的影响和反应。这些方法可以包括体外试验、细胞培养试验、动物试验等,以测定化合物的抗菌、抗肿瘤、抗炎等生物活性。

1.125　免疫扩散法

免疫扩散法是以琼脂作为抗原-抗体的免疫沉淀反应的惰性载体,通过观测沉淀与抗原浓度的关系,即可定量测定抗原(待测样品中蛋白质)的含量的方法。

1.126　免疫电泳法

免疫电泳法是免疫反应与电泳结合的产物。抗原样品在琼脂平板上先进行电泳,使其中的各种成分因电泳迁移率的不同而彼此分开,然后加入抗体做双相免疫扩散,把已分离的各抗原成分与抗体在琼脂中扩散而使其相遇,在二者比例适当的地方,形成肉眼可见的沉淀弧。

1.127 放射免疫电泳测定法

放射免疫电泳测定法是将放射性核素测定法和免疫反应相互结合的一种技术。

1.128 酶联免疫吸附测定

酶联免疫吸附测定是把抗原抗体的免疫反应和酶的高效催化作用原理有机地结合起来的一种检测技术。

1.129 同步荧光光谱法

同步荧光光谱法指在同时扫描激发波长和发射波长的情况下来测绘荧光光谱图。由测得的荧光强度信号对发射波长或激发波长作图,即为同步荧光光谱。它包括固定波长的同步荧光和固定能量的同步荧光两种光谱。

1.130 三维荧光光谱法

三维荧光光谱法是由激发波长(Y 轴)-发射波长(X 轴)-荧光强度(Z 轴)三维坐标所表征的矩阵光谱,又称总发光光谱。

1.131 Edman 化学降解法

Edman 化学降解法是 Edman P. 于 1950 年首先提出来的。最初用于 N-末端基分析,称为苯异硫氰酸酯(phenyl isothiocyanate,PITC)法。反应是 Edman 降解试剂(PITC)与多肽链的游离氨基作用。降解反应分三步进行,第一步是偶联反应,第二步是环化断裂法,第三步是转化反应。

1.132 丹磺酰氯法

丹磺酰氯(dansyl chloride,DNS)是二甲氨基萘磺酰氯的简称,缩写为 DNS。此方法的原理与 DNFB 法相同,只是用 DNS 代替 DNFB 试剂。由于丹磺酰氯具有强烈的荧光,灵敏度比 DNFB 法高 100 倍,并且水解后的 DNS-氨基酸不需要提取,可直接用纸电泳或薄层层析加以鉴定。

1.133 苯异硫氰酸酯法

苯异硫氰酸酯法是一种用于测定氨基酸序列的方法。多肽或蛋白质的末端氨基和氨基酸的 α-氨基一样能与苯异硫氰酸酯(phenyl isothiocynate,PITC)作用,生成苯氨基硫甲酰多肽或蛋白质,简称苯氨基硫甲酰(phenyl-thiocarbamoyl,PTC)多肽或蛋白质。后者在酸性有机溶剂中加热时,N-末端的 PTC 氨基酸发生环化,生成苯乙内酰硫脲的衍生物并从肽链上掉下来,除去 N-末端氨基酸后剩下的肽链仍然是完整的,因为 PTC 基的引入只使第一个条件的稳定性降低。反应液中代表 N-末端残基的苯乙内酰硫脲(PTH)-氨基酸,经有机溶剂抽提干燥后,可用薄层层析(如硅胶薄膜或聚酰胺薄膜等)、气相色谱和高效液相色谱等进行鉴定。

1.134 X 射线晶体衍射技术

X 射线衍射技术与光学显微镜或电子显微镜技术的基本原理是相似的。使用光学显微镜时,来自点光源的光线($\lambda = 500nm$)投射在被检物体上,光波将由此散射,物体的每一小部分都起着一个新光源的作用。来自物体的散射光波含有物体构造的全部信息,因此可以用透镜收集和重组散射波而产生物体的放大图像。X 射线衍射技术与显微镜技术的主要区别是:第一,光源不是可见光而是波长很短的 X 射线($\lambda = 0.154nm$);第二,经物体散射后的衍射波,没有一种透镜能把它收集重组成物体的图像,而直接得到的是一张衍射图案。衍射图案需要用数学方法(如电子计算机)代替透镜进行重组,绘出电子密度图,从中构建出三维分子图像——分子结构模型。

1.135　发色团

蛋白质包括核酸在近紫外光区域具有光吸收能力是因为它们的分子中含有芳香族和杂环族的共轭环,这些共轭环称为发色团。

1.136　差示紫外光谱

发色团的微环境决定于蛋白质分子的构象,构象改变,微环境则发生变化,发色团的紫外吸收光谱也将随之变化,包括吸收峰的位置、强度和谱形状等。变化前后2个紫外吸收光谱之差称为差示紫外光谱。

1.137　荧光

荧光指物质在受到激发后,发出可见光的现象。当物质受到高能量电磁辐射(如紫外线)或粒子束(如电子束)的激发时,部分电子会跃迁到较高能级,然后从高能级返回到基态时释放出能量,并以光的形式辐射出来。这种发光现象就是荧光。荧光可以在各个领域中得到应用,例如,荧光染料在生物科学中被用于标记和检测生物分子,荧光剂在照明和显示技术中被用于产生亮丽的色彩效果等。

1.138　圆二色性

多数生物分子具有不对称性,有的是构型不对称,如 L-氨基酸和 D-氨基酸;有的是构象不对称,如左手蛋白质螺旋和右手蛋白质螺旋,左手多糖螺旋和右手多糖螺旋等。由于手性物质对左、右圆偏振光的吸收不同,使左、右圆偏振光叠合成椭圆偏振光,这种光学效应称为圆二色性。

1.2　蛋白质加工

1.2.1　蛋白质加工性质变化

1.139　蛋白质的焓变

蛋白质的焓变指在恒定压力下,从一种初始状态到另一种最终状态的蛋白质反应的焓变。焓变是描述系统吸热或放热能力的物理量,它可以表示为反应前后系统的热量差异。对于蛋白质而言,焓变可以用于描述其在化学反应或物理过程中的能量变化情况,例如蛋白质的结构变化、折叠或解离等。

1.140　蛋白质的熵变

蛋白质的熵变指在化学反应或物理过程中,蛋白质分子从初始状态到最终状态时,其熵(混乱度)的变化量。对于蛋白质分子而言,它的熵变可以用来描述其结构的变化和稳定性。蛋白质的结构和构象可以受到多种因素的影响,包括温度、pH、离子浓度等。当这些条件发生变化时,蛋白质的结构和构象也会发生改变,从而导致熵的变化。

1.141　蛋白质的外泌

很多外源蛋白质与细菌细胞的外泌系统相容,可以穿过细胞质膜进入周质,这一过程称为蛋白质的外泌。

1.142　美拉德反应

美拉德反应又称非酶棕色化反应,是广泛存在于食品工业的一种非酶褐变,是羰基化合物(还原糖类)和氨基化合物(氨基酸和蛋白质)间的反应,经过复杂的历程最终生成棕色甚至是黑色的大分子物质类黑精或称拟黑素,故又称羰氨反应。

1.143　水合作用

球蛋白类蛋白质分子表面有许多亲水基团,可与水结合在蛋白质分子表面形成一层水化膜,使蛋白质颗粒彼此不能接近,因而增加了蛋白质溶液的稳定性,阻碍蛋白质颗粒从溶液中沉淀出来,称为水合作用。

1.144　外消旋作用

天然蛋白质的 L-氨基酸,受热时形成 L-氨基酸和 D-氨基酸的等量混合物,从而达到平衡,此时因左右旋体旋光性抵消而失去旋光性,这种现象称为外消旋作用。

1.145　大豆肽

大豆肽是从大豆中提取的一种天然蛋白质,由多个氨基酸组成。它具有低分子质量、易于吸收和消化的特点。

1.146　肽键

一个氨基酸的 α-羧基和另一个氨基酸的 α-氨基脱水缩合形成的化合物称为肽,氨基酸之间通过酰胺键连接,这类酰胺键称为肽键。

1.147　氢键

氢键是一种弱的化学键,通常发生在一个质子与另一个原子(通常是氮、氧或氟)之间的相互作用中。氢键主要由电负性较高的原子上的孤对电子与质子之间的相互作用形成。这种相互作用比普通共价键要弱,但比范德华力要强。氢键在许多重要的生物和化学过程中起着关键的作用,如分子间相互作用、蛋白质折叠、DNA 的双螺旋结构等。

1.148　酯键

在蛋白质分子中,一条多肽链上的氨基酸残基侧链上的自由羧基和另一条多肽链上的氨基酸残基侧链上的自由羟基相互作用,失去一分子水而形成的键称为酯键,属于共价键。

1.149　范德华力

范德华力指相互接触的化学基团间的短程吸引力,又称范氏键。这些键远比离子键、氢键微弱,但对维持那些含有很多范氏力的生物学结构的稳定性起着一定作用。

1.150　配位键

配位键指在 2 个原子之间由于某一原子单方面提供共用电子对,而另一个原子提供空轨道所形成的化学键,金属离子与蛋白质连接往往可形成配位键。

1.151　衍生蛋白质

天然蛋白质变性或者改性、修饰和分解的产物，称为衍生蛋白质。

1.152　蛋白质持水性

蛋白质持水性指配制一定浓度的蛋白质水溶液，经离心分离后，蛋白质中残留的水分含量。

1.153　蛋白质膨胀性

蛋白质膨胀性指蛋白质吸水后不溶解而膨胀起来，蛋白质保持水分的同时赋予蛋白制品以强度和黏度。

1.154　蛋白质组织化

蛋白质组织化是指蛋白质分子在生物体内通过特定的空间结构和相互作用而形成的复杂三维结构。这种结构化可以使蛋白质具有特定的功能和活性。蛋白质组织化包括多级结构，从最基本的氨基酸序列到二级结构（α-螺旋、β-折叠）、三级结构（整体折叠形状）、四级结构（多个蛋白质组装成的复合物）等。组织化过程中涉及许多因素，如氨基酸的相互作用、水分子的参与、离子的影响等。蛋白质组织化对于其功能的发挥和稳定性至关重要，不同的组织化方式也决定了蛋白质在细胞中的位置和作用方式。

1.155　蛋白质吸水性

蛋白质吸水性是指干燥蛋白质在一定湿度中达到水分平衡时的水分含量。pH 与吸水能力成正比，其 pH 越高，吸水能力越强。

1.156　蛋白质膨润性

蛋白质膨润性是指蛋白质吸水后不溶解，在保持水分的同时赋予制品以强度和黏度。

1.157　蛋白质溶解性

蛋白质溶解性是指蛋白质在水溶液或氧化钠盐溶液中溶解的性能。其溶解的程度称为溶解度。通常所讲的溶解性一般指水溶性。

1.158　蛋白质的黏性

蛋白质的黏性是指液体流动时表现出来的内摩擦，又称流动性。它在调整食品的物性方面是重要的。

1.159　蛋白质的胶凝性

蛋白质的胶凝性又称凝胶性，是指蛋白质形成胶体状的性能。它使分离蛋白具有较高的黏度、可塑性和弹性。

1.160　水蒸气渗透性

水蒸气渗透性是指水蒸气在某种材料或物质中的穿透能力。它描述了水蒸气通过固体、液体或气体的渗透速率和能力。通常以单位时间内水蒸气通过单位面积的量来衡量，单位可以是 $g/(m^2 \cdot h)$ 或 m/s 等。水蒸气渗透性的大小取决于材料的孔隙结构、温度、湿度等因素。高渗透性材料允许水蒸气快速渗透，而低渗透性材料则阻碍水蒸气的穿透。

1.2.2 蛋白质加工方法

1.161 热塑性挤压

热塑性挤压指使含有蛋白质的混合物依靠单螺杆挤压机或双螺杆挤压机的作用,在高压、高温和强剪切力的作用下将固体物料转化为黏稠状物,然后迅速地通过模孔进入常压环境,在物料中的水分迅速蒸发以后,蛋白质等物料就形成了高度膨胀、干燥的多孔结构。

1.162 分子剪裁

分子剪裁指在对天然蛋白质的改造中替换1个肽段或1个结构域。

1.163 两相分配法

两相分配法指利用水相,以及与水不相溶的有机相——辛醇,测定蛋白质在它们之间的分配系数的方法。不过由于蛋白质在溶剂中的溶解度问题,溶剂体系可改换为盐(如硫酸钾)、葡聚糖和聚乙二醇溶液。

1.164 蛋白质的配位结合法

蛋白质的配位结合法指通过定量测定蛋白质对非极性物质的结合或对疏水性配位体的结合,来评价蛋白质的疏水性的方法。

1.165 选择性沉淀法

选择性沉淀法指单宁酸、离子型表面活性剂等多价阳离子物质是蛋白质沉淀剂,能和蛋白质形成复合物沉淀下来,再用适当的方法使复合物溶解,除去沉淀剂,达到纯化目的的方法。

1.166 水溶液非离子聚合物沉淀法

聚合物使蛋白质在聚合物与水之间发生分配,聚合物与蛋白质分子之间发生反应,形成一种复合物,聚合物与蛋白质形成共沉淀,称为水溶液非离子聚合物沉淀法。常用的聚合物是聚乙二醇、右旋糖酐硫酸钠等。

1.167 蛋白质的冷冻

蛋白质的冷冻指将蛋白质样品在极低温度下保存或处理的过程。通常,冷冻的目的是延缓蛋白质的降解和变性,以保持其结构和功能的完整性。

1.168 蛋白质的机械处理

有些机械处理如揉捏、搅打等,由于剪切力的作用使蛋白质分子伸展,破坏了其中的α-螺旋,使蛋白质网络发生改变而导致变性,称为蛋白质的机械处理。剪切的速度越大,蛋白质的变性程度越大。蛋白质由于机械力的作用而变性,通常是由于空气泡的引入以及蛋白质在气-液界面上的吸附,蛋白质的疏水性残基、极性残基分别向气相、水相定向排列,导致蛋白质构象的变化。

1.169 蛋白质的静高压处理

蛋白质的静高压处理指将蛋白质样品置于高压下,在恒定的压力条件下进行处理的方法。这种处理方法可以改变蛋白质的结构和功能,以研究其在高压环境中的特性和行为。通过静高压处理,可以模拟一些极端环境下蛋白质所面临的压力情况,如深海生物体内的高压环境,或者食品加工过程中的高压处理等。

1.170 蛋白质的电磁辐射处理

蛋白质的电磁辐射处理指利用电磁辐射(例如紫外线、X 射线等)对蛋白质进行处理或研究的方法。

1.171 蛋白质的界面作用

蛋白质的界面作用指在生物体内,蛋白质与其他分子或者细胞表面之间的相互作用。界面作用可以包括蛋白质与其他蛋白质、核酸、糖类以及小分子等之间的相互作用。这些相互作用可以通过非共价键(如静电相互作用、氢键、范德华力等)和共价键(如二硫键)来实现。

1.172 Strecker 降解反应

Strecker 降解反应指还原酮与氨基酸反应生成新的羰基化合物和含氮化合物。

1.173 蛋白质的交联反应

蛋白质的交联反应指蛋白质肽链上的氨基酸残基,由于含有可发生反应的活泼基团,因此,在一定条件下,可以借助外来化合物甚至自身,发生分子内或分子间的交联反应,形成交联蛋白,从而在营养学、物理化学等方面影响蛋白质的相关性质。

1.174 脱氢蛋白

在较高的温度下碱处理蛋白质时,丝氨酸残基、半胱氨酸残基以及它们的衍生物会发生 β-消除反应,生成脱氢丙氨酸残基,称为脱氢蛋白。

1.175 蛋白质脱磷酸化

蛋白质脱磷酸化指在细胞内发生的一种化学修饰过程,即将磷酸基团从蛋白质分子上去除的过程。它是磷酸化修饰的逆过程。磷酸化和脱磷酸化是细胞内信号传导的重要调节机制。

1.176 蛋白质的酶促交联

蛋白质的酶促交联指蛋白质在某些酶的催化作用下,氨基酸残基之间可以发生交联反应。

1.177 转谷氨酰胺酶酶促交联

转谷氨酰胺酶是目前食品工业中允许使用的一种蛋白质改性酶,它通过催化转酰基反应,在赖氨酸残基和谷氨酰胺残基间形成新的共价键——异肽键,由此改变了蛋白质分子的结构或构象,从而改变了蛋白质的性质,称为转谷氨酰胺酶酶促交联。

1.178 蛋白质与二醛类的交联

蛋白质分子上的游离氨基(一般为赖氨酸的 ε-NH_2)可以与醛类发生缩合反应,生成缩合产物希夫碱。如果蛋白质是与丙二醛、戊二醛等二醛反应,由于需要 2 个氨基作用于二醛,因而产生了蛋白质的交联(分子内或分子间),称为蛋白质与二醛类的交联。其他的有机化合物,如甲醛、甘油醛等也能够与蛋白质发生交联反应。

1.179 蛋白质的水解

蛋白质的水解指在一定条件下蛋白质分子发生肽链的断裂、生成肽链较短的肽分子或游离氨基酸的过程。蛋白酶通常在这个过程中发挥重要的作用,对蛋白质的水解作用模式、水解程度、水解产物的性质等方面产生决定性的影响。在酸、碱的存在下蛋白质分子也可以发生水解反应生成肽分子,但是反应的可控制性、对氨基酸的残基的破坏作用等,明显逊于酶催化的水解。

1.180　蛋白质水解度

蛋白质水解度指基于蛋白质被酶催化水解时所裂解的肽键数目衡量的蛋白质的水解情况。

1.181　酶法嫩化

酶法嫩化指利用酶对蛋白质的水解催化作用来裂解肌肉蛋白,酶可以通过注射的方式在宰前进入动物体,也可以在宰后处理肉时加入肌肉组织中。

1.182　蛋白质的酰化反应

蛋白质的酰化反应指蛋白质分子的亲核基团(氨基和羟基)与酰化试剂相互反应,引入新的功能基团的过程。最为常见的酰化剂有琥珀酸酐和乙酸酐。许多食品蛋白,包括乳蛋白、卵蛋白等动物食品蛋白,以及来自小麦、燕麦、花生、棉籽、大豆、葵花籽、蚕豆和菜籽的植物蛋白,都可通过酰化来提高其功能特性。当然,其他的酸酐也可以对蛋白质进行酰化修饰作用,如柠檬酸酐、马来酸酐。

1.183　蛋白质的烷基化修饰

蛋白质的烷基化修饰指通过对蛋白质中氨基酸的巯基、氨基的反应对其进行修饰。烷基化修饰的一个结果就是,对巯基的烷基化封闭了巯基,导致蛋白质不能再发生巯基氧化反应以形成二硫键,由二硫键形成而产生

的蛋白质聚合反应不能再发生。

1.184　蛋白质的酯化

蛋白质的酯化指对蛋白质分子中的羧基进行修饰使其酯化。酯化修饰后的蛋白质分子构象发生变化,因而影响了蛋白质的功能性质。

1.185　蛋白质的酰胺化

蛋白质的酰胺化指蛋白质分子中的谷氨酸、天冬氨酸的羧基,通过与一些亲核试剂的作用,从而转化为酰胺。蛋白质的酰胺化修饰对蛋白质分子电荷分布的影响同蛋白质的酯化修饰。

1.186　蛋白质的脱酰胺修饰

蛋白质的脱酰胺修饰指通过水解,将蛋白质分子中的谷酰胺、天冬酰胺转化为谷氨酸、天冬氨酸。由于分子中净负电荷的增加,所以对蛋白质的功能性质产生影响。虽然脱酰胺修饰属于蛋白质的侧链修饰,但是从蛋白质的水解反应的角度来看,它也属于蛋白质的限制性水解。

1.187　侧链的限制性水解

侧链的限制性水解指在化学反应中,特定的侧链或官能团发生水解反应。限制性水解意味着水解反应只会发生在特定的侧链或官能团上,而不会影响分子的其他部分。

1.188　肽链的限制性水解

蛋白质肽链的水解,是对蛋白质分子的一级结构进行修饰,从而改变蛋白质的诸多功能性质。肽链的限制性水解指通过控制蛋白

质降解程度或选择特殊的作用位点来对蛋白质分子降解,从而保留修饰蛋白质的重要功能性质。

1.189　蛋白质转化反应

蛋白质转化反应指在特定条件下,蛋白质发生结构或功能上的变化,包括蛋白质的折叠、解折叠、复合物形成、酶催化等过程。蛋白质转化反应通常受到温度、pH、离子浓度、氧气浓度等环境因素的影响。

1.190　蛋白质的冷冻真空干燥

蛋白质的冷冻真空干燥指使蛋白质的外层水化膜和蛋白质颗粒间的自由水在低温下结成冰,然后在真空下升华除去水分而达到干燥保存的目的。

1.191　乳化剂

乳化剂是一种表面活性剂,可以降低界面张力,产生乳化作用,能在每一个液滴表面生成物理的障碍以防止其结合形成更大的液滴,使不相溶体系形成均匀的分散体系。乳化剂具有吸附性、成膜性、胶囊形成能力、双电层的粒子斥力等作用,给乳液以稳定作用,乳化剂的稳定作用比分散作用更为重要。

1.192　活性蛋白粉

活性蛋白粉指以大豆、花生作原料,经全脱脂或部分脱脂后,再进行粉碎而成的一类蛋白粉。

1.193　浓缩蛋白

浓缩蛋白指去除原料中的非蛋白成分,相对提高蛋白质含量,即浓缩了蛋白质。一般浓缩蛋白产品的蛋白质含量要达到65%~70%。

1.194　分离蛋白

分离蛋白指把原料中的非蛋白成分去除,得到纯度较高的蛋白质产品。

1.195　水解植物蛋白

水解植物蛋白指将植物蛋白质经过酶或其他水解剂作用,分解成较小的肽段或氨基酸的过程。这种方法可以提高植物蛋白的可溶性和消化吸收率,使其更易于被人体利用。水解植物蛋白通常用于食品加工中,以增加食品的营养价值和口感。它也可以用作蛋白质补充剂,为需要额外蛋白质摄入的人群提供营养支持。

1.196　可食性薄膜

可食性薄膜指一种可以安全食用的薄膜材料,通常由天然食品材料制成,如淀粉、蛋白质、纤维素等。它具有保护食物、延长保质期、改善外观和口感等功能。可食性薄膜在包装食品时可以代替传统的塑料包装材料,降低食品与塑料接触带来的风险。同时,可食性薄膜还可以被微生物降解,减少对环境的污染,具有较低的环境影响,因此在可持续包装领域具有广阔的应用前景。

1.197　稳定剂

稳定剂指一种能够增加产品稳定性和延长其保质期的化学物质或添加剂,可以通过减缓物质的氧化、分解、变质或其他不良反应来保持产品的质量和性能。稳定剂通常被广泛用于食品、药品、化妆品、塑料、橡胶和其他各种工业产品中,以确保产品在制造过程、贮存期间和使用过程中的稳定性和可靠性。

1.198 蛋白质化学改性

蛋白质化学改性指通过对蛋白质分子进行化学反应或修饰，改变其原有结构和功能的过程。这种改变可以包括添加化学基团、改变氨基酸的侧链性质、改变蛋白质的电荷性质等。化学改性可以用于增强蛋白质的稳定性、改善其溶解性、提高其活性或选择性等，并且可以用于定向地调控蛋白质的功能和特性，以满足不同的应用需求。常见的蛋白质化学改性方法包括酰化、磷酸化、甲基化、糖基化等。

1.199 焦糖化作用

焦糖化作用指糖类在没有含氨基化合物存在情况下，加热到熔点以上，会变为黑褐色的色素的过程。

1.200 抗坏血酸(维生素 C)氧化作用

在果汁及果汁浓缩物中，抗坏血酸(维生素 C)氧化作用使其色泽加深。尤其在富含维生素 C 的柑橘汁中，褐变主要由此引起。

1.201 羰氨缩合褐变作用

羰氨缩合褐变作用指羰基化合物(如还原糖类)和氨基化合物(如氨基酸中赖氨酸)发生缩合反应，反应产物呈黑色，这类反应又称为美拉德反应。

1.202 巴氏杀菌法

巴氏杀菌法，又称巴斯德杀菌法，是一种常用的食品加工方法，用于杀灭食品中的病原微生物并延长其保质期。

1.203 真空干燥

真空干燥指以 0.67~1.3kPa 的绝对压力进行脱水反应，此法较传统脱水法对肉的损害小。因无氧，所以氧化反应变慢，且在低温下可减少非酶褐变及其他化学反应发生。

1.204 冷冻干燥

冷冻干燥指食品冷冻后，在低于 133.3Pa 压力下，使其中的水分由冰直接升华去除的方法，是目前用于活性肽干燥的主要方法，冷冻干燥产物可保持其原形及大小且具有多孔性。

1.205 喷雾干燥

喷雾干燥指将液体雾化后喷入快速移动的热空气中，而得小颗粒状产品的过程，蛋乳的脱水常用喷雾干燥法。

1.206 鼓膜干燥

鼓膜干燥指将原料置于内有加热蒸汽的旋转鼓表面，脱水而成薄膜，以得到高品质产品的方法。时间、温度都需严格控制，但往往不易控制恰当，使得产品略有焦味，蛋白质溶解度降低。

1.207 水蒸气膨化法

水蒸气膨化法指采用高压蒸汽，将原料在 0.5s 内加热到 210~240℃，使蛋白质迅速变性组织化的方法。水蒸气膨化法生产组织状蛋白质，先用风机将粉碎后的原料粉吸入暂存料斗，然后经容积式计量喂料器把原料粉均匀地送入混合器中,并在混合器内加入适量的水分、色素、香料、营养强化剂等,使其与料均匀混合,再落入蒸汽组织化装置中进行膨化。膨化机所用的过热蒸汽温度为 $210 \sim 240℃$,压力在 $9.80655 \times 10^5 Pa$ 以上。膨化后的组织状蛋白质进入旋风分离器,在此排除废蒸汽,再落入切碎机,切割成标准大小的颗粒体,即为组织状蛋白质制品。

1.208 生物改性

生物改性指通过酶部分降解蛋白质,增加其分子内或分子间交联或连接特殊功能基团,可以改变蛋白质的功能性质,提高营养价值。常用蛋白酶来催化。根据来源的不同,蛋白酶可分为动物蛋白酶、植物蛋白酶和微生物蛋白酶。

1.209 物理改性

物理改性指利用热、电、磁、机械剪切等物理作用形式对蛋白质的功能特性加以改善的方法,具有费用低、无毒副作用、作用时间短以及对产品营养性质影响较小等优点。

1.210 酰基化改性

酰基化改性指蛋白质分子的亲核基团(如氨基和羟基)与酰化试剂中的亲电基团(如酰基)相互反应,而引入蛋白质分子中新功能基团的过程。

1.211 酶法改性

酶法改性指一种制造低黏度、高分散性和不凝胶蛋白的方法,而且作用条件温和,专一性强。一般来讲,酶法改性可以提高蛋白质的溶解度,阻止热凝结,增大泡沫体积。

1.212 蛋白质的热处理

蛋白质的热处理是常用的改性方法之一,是指通过加热处理来改变蛋白质的结构和性质的过程。热处理可以包括烘烤、蒸煮、煮沸、高温烘干等方法。这些处理过程可以使蛋白质发生变性、凝固、降解或聚集,从而改变其溶解性、功能性和生物活性。

1.213 高压脉冲电场

高压脉冲电场是一种通过施加高电压而产生的瞬时电场。它通常由一个高压电源和电极结构组成,通过在电极间施加短暂的高电压脉冲,生成一个强而短暂的电场。

1.214 超声波加工

超声波加工指利用超声波技术对蛋白质进行物理处理和改性的过程。超声波是一种高频声波,通过在蛋白质溶液中施加超声波能量,可以引起多种效应,包括机械剪切、空化效应、微压力、温升等。超声波加工可以对蛋白质分子结构和功能进行调控和改变。例如,超声波可以打破蛋白质分子间的弱相互作用力,促使蛋白质的解聚、解离和降解。此外,超声波还可以增加蛋白质溶液的温度和压力,从而促进蛋白质的反应速率和传质效果。另外,超声波还可以引起蛋白质分子的构象变化和形态改变,如折叠、变性、复合物形成等,从而影响蛋白质的功能性质。

1.215 磷脂与蛋白质复合

磷脂与蛋白质复合指磷脂与蛋白质相互结合形成复合物的过程。磷脂是一种含有磷酸基的脂质,具有疏水性的脂肪酸尾端和亲水性的磷酸基头部。蛋白质是由氨基酸组成的生物大分子,具有多样的功能和结构。磷脂与蛋白质可以通过非共价键或共价键结合在一起。非共价键结合主要包括电荷相互作用、氢键、范德华力等,而共价键结合则是指磷脂与蛋白质之间形成共价化学键,如糖基磷脂与蛋白质之间形成的糖基磷酸酯键。

1.216　胰蛋白酶抑制剂

胰蛋白酶抑制剂是大豆乳清蛋白中的主要成分,能调节大豆蛋白质的合成和分解。

1.217　超声波失活

超声波失活指在超声波作用下,蛋白质的结构和功能发生不可逆性的变化,导致蛋白质失去其原有的生物活性和功能。超声波是一种高频振动波,能够产生强烈的物理力和剪切力,对蛋白质分子进行机械性破坏并使其变性。这种变性可能涉及蛋白质的二级结构、蛋白质的三级结构以及蛋白质与其他分子之间的相互作用。因此,超声波失活会导致蛋白质的形状改变、聚集、凝析或解离等变

化,从而影响其生物活性和稳定性。

1.218　蛋白质的沉淀作用

如果向蛋白质溶液中加入某种电解质,以破坏其颗粒表面的水化层,或调节溶液的 pH,使其达到等电点,蛋白质颗粒就会因失去电荷变得不稳定而沉淀析出。这种由于受到某些因素的影响,蛋白质从溶液中析出的作用称为蛋白质的沉淀作用。

1.219　可逆的沉淀作用

若用透析除去盐类,蛋白质可重新溶解于原来的溶剂中,这种沉淀作用称为可逆的沉淀作用。

1.220　不可逆的沉淀作用

如重金属盐类、有机溶剂、生物碱试剂等都可使蛋白质发生沉淀,且不能用透析等方法除去沉淀剂而使蛋白质重新溶解于原来的溶剂中,这种沉淀作用称为不可逆的沉淀作用。

1.2.3　蛋白质加工检测技术

1.221　探针荧光光谱法

一些有机化合物由于它的荧光量子化率、最大发射波长等特性取决于它所处的环境条件——极性大小,所以可以被作为探针,对蛋白质的疏水性质进行研究,称为探针荧光光谱法。

1.222　蛋白质消化率

蛋白质消化率(true digestibility, TD),即真

消化率,是指一种食物蛋白质可被消化酶分解的程度,蛋白质消化率愈高,则被机体吸收利用的可能性越大。

1.223　蛋白质功效比值

测定生长发育中的幼小动物或者婴儿,试验期一般为 7~10d,期间每摄入 1g 蛋白质所增加的体重(g)称为蛋白质功效比值,表示蛋白质在体内被利用的程度。可知摄入同样质量不同食物的蛋白质时,凡能使体重增

加较多者该食物的蛋白质营养价值就较高。

1.224 电泳迁移率

电泳迁移率指带电颗粒在单位时间和单位电场强度下,在电泳介质中的泳动距离,即 $U=d/(tE)$,其中 U 为电泳迁移率;E 为电泳时的电场强度;d 为时间 t 内带电颗粒的泳动距离。

1.225 层析技术

在蛋白质分离过程中,待分离液体经过一个固态物质后所发生的组分分布变化,称为色层分析技术,简称层析技术。

1.226 电磁波谱

电磁波是一种以巨大速度通过空间传播的光量子流。电磁波按照波长或频率大小排列所得的图谱称为电磁波谱。光是一种电磁波。

1.227 大豆蛋白的碱提酸沉法萃取技术

在强酸及中碱性条件下,大豆蛋白具有较好的溶解性,而当 pH 4~5(大豆蛋白质的等电点附近)时,大豆蛋白的溶解性小。大豆蛋白的碱提酸沉法萃取技术指将低温脱脂豆粕用稀碱液浸提后,经过滤或离心分离就可以除去豆粕中的不溶性物质(主要是多糖或残留蛋白)。当用酸把浸出液 pH 调至 4.5 左右时,蛋白质处于等电状态而凝集沉淀下来,经分离可得蛋白沉淀物,再经干燥即得大豆分离蛋白。

1.228 超滤法萃取技术

超滤法萃取技术是一种通过使用超滤膜进行分离和提纯的方法。超滤膜具有特定的孔径大小,可以过滤掉溶液中的大分子物质,如蛋白质、多糖等,同时保留小分子物质,如溶剂、离子等。利用超滤法可以将混合物中的目标物质与其他杂质分离,从而实现提取和纯化的目的。

更新名词

1.229 表面效应

表面效应指溶剂和溶液液滴周围的真空之间的力不平衡。水分子在模拟系统中的行为就像真正的溶液一样,会试图逃逸到周围的真空中,即蒸发,这将改变系统的动力学,使准确研究系统变得困难。因此,当在水环境中模拟像蛋白质这样的整体系统时,最大限度地减少或消除表面效应是很重要的。

1.230 模拟盒子

模拟盒子是一种用于模拟和研究蛋白质分子行为的计算机模型。它可以通过模拟分子动力学或蒙特卡洛方法,预测蛋白质的结构、构象变化、相互作用等信息。模拟盒子通常由原子坐标和相互作用参数组成,可以使用力场模型来描述分子间的相互作用力,如静电相互作用、范德华力和键角势能等。在模拟过程中,盒子内的蛋白质分子会受到力场的作用而发生运动和相互作用,从而得到关于蛋白质结构和动力学性质的信息。

1.231 生态创新加工技术

生态创新加工技术是指利用环境友好的方法和技术,对蛋白质进行处理、改变或提取的过程。这种技术旨在减少对环境的负面影响,同时能够有效地利用资源,并提高蛋白质加工的效率和品质。

1.232 剪切室装置

剪切室装置是指一种基于简单剪切流的新装置。在装置中,在中等温度(90~140℃)和高水分(约60%)条件下,多相生物聚合物混合物在锥形-锥形或同心圆柱形装置的板间发生明确定义的剪切流动。

1.233 非热食品加工

非热食品加工指在不使用热处理的情况下对食品进行加工和处理的过程。这种加工方式不涉及食品的加热、蒸煮、烘焙等热处理方法,而是通过其他方式对食品进行调味、浸泡、搅拌、切割、混合等加工操作。非热食品加工常见的方法包括酸处理、盐腌、冷冻、干燥、发酵、醉制等。这些加工方法可以改变食品的口感、贮存性能、营养成分和味道,同时也可以增加食品的质感和多样性。

1.234 冷等离子体技术

冷等离子体技术是一种利用高能电子束、激光束、射频电磁场等手段将气体中的原子或分子电离并形成等离子体的技术。与常规等离子体技术相比,冷等离子体技术在电离过程中产生的能量较低,温度较低。

1.235 封闭式光生物反应器

封闭式光生物反应器是一种用于进行光合作用的生物反应器,其内部环境可以密封控制,并提供光照条件和生物组织所需的其他环境参数。它通常由一个密封的容器或系统组成,用于培养光合生物,如微藻或光合细菌。这种反应器可以提供适当的光照强度、温度、气体组成和搅拌等参数,以优化光合作用产物的生产和生物质的生长。

1.236 非热疗技术

非热疗技术指利用非热能源(如光、电、声波等)对蛋白质进行加工、修饰或功能调控的技术。这些技术可以通过改变蛋白质的结构、组装状态、交互作用等来实现特定的目标,如改善蛋白质的稳定性、激活或抑制其功能、调节其在细胞内的定位和运输等。

1.237 非热等离子体技术

非热等离子体技术作为一种新型技术,通过将食品暴露在非热等离子体环境中,利用等离子体产生的激活粒子、自由基、电子等物理或化学效应,对食品进行杀菌、去除异味、保鲜、改善食品质量等处理。

1.3 蛋白质制品流通

1.238 蛋白质类食品的腐败变质

蛋白质类食品的腐败变质指通过蛋白质分解酶的作用,先分解为多肽,再经过断链分解为氨基酸,氨基酸在相应酶的作用下,通过各种方式分解,生成醇、胺、氨或硫醇等各种产物。

1.239 蛋白质类的可食性包装材料

蛋白质类的可食性包装材料指以蛋白质为基料,利用蛋白质的胶体性质,同时加入其他添加剂改变其胶体的亲水性而制得的包装材料,主要以包装膜的形式存在。

1.240 蛋白质类食品化学败坏

蛋白质类食品化学败坏指蛋白质在食品贮藏过程中会发生各种不良的化学变化，如氧化、还原、分解和溶解等，导致食品的变色、变味、软烂等，从而缩短食品的贮藏期。

1.241 蛋白质的冻结变性

蛋白质的冻结变性指在冻藏过程中，因冻藏温度的变动和冰结晶的长大，增加蛋白质的冻结变性程度。

1.242 破乳

破乳指乳状液蛋白质制品完全被破坏，成为不相混溶的两相。例如，水相、油相分层。

1.243 蛋白质制品细菌污染

细菌污染食品后产生蛋白酶使食品中的蛋白质分解产生氨基酸，氨基酸进一步被脱羧酶脱羧后可产生胺类物质，氨基酸被脱氨酶脱氨后可形成有机酸，使食品具有不愉快的气味，导致食品腐败变质，称为蛋白质制品细菌污染。

1.244 免疫球蛋白重链结合蛋白质

免疫球蛋白重链结合蛋白质指能够和免疫球蛋白重链结合的蛋白质，在蛋白质转运和加工中起作用，帮助蛋白质新生肽链的折叠。

1.245 脂肪酸结合蛋白质

脂肪酸结合蛋白质是一组细胞质中的小蛋白质，与脂肪酸或其他有机溶解物结合。

1.246 辐射对氨基酸和蛋白质的影响

氨基酸和蛋白质经辐射能发生变化，这种变化一般表现为分解或结构、性质的改变等，这些变化都是对它的纯品或溶液辐照后测定获得的，称为辐射对氨基酸和蛋白质的影响。

1.247 肉的自溶性变黑

肉的自溶性变黑指肉长时间保持高温，导致肉里的组织蛋白酶活性增强而发生组织蛋白的强烈分解，放出硫化氢和其他不良的挥发性物质的过程。

1.248 植物蛋白型饮料

植物蛋白型饮料指用蛋白质含量较高且不含胆固醇的植物种子提取蛋白质，经过一系列加工工艺制成的饮料，如豆奶等。

1.249 肌球蛋白与肌动蛋白的结合和解离

当肌动蛋白溶液加到肌球蛋白溶液中之后，便形成了肌动球蛋白复合物。这种复合物的形成，伴随着溶液黏度的激增。加入ATP，可以使其黏度下降。

1.250 分子伴侣

分子伴侣是一组从细菌到人广泛存在的蛋白质，非共价地与新生肽链和解折叠的蛋白质肽链结合，并帮助它们折叠和转运，通常不参与靶蛋白的生理功能。

1.251 光敏黄蛋白

光敏黄蛋白是一种含有8-氰-核黄素的蛋白质。其中，8-氰-核黄素或8-氰-黄素单核苷酸与普通的核黄素和黄素单核苷酸不同,在紫外光区域附近有光吸收。

1.252 乳蛋白型饮料

乳蛋白型饮料指以乳及乳制品为原料制成的饮料。常见的有冰激凌汽水及各种乳清饮料。

1.253 寒冷收缩

宰后的牛肉在短时间内快速冷却,肌肉会发生显著收缩现象,以后即使经过成熟过程,肉质也不会十分软化,这种现象称为寒冷收缩。

1.254 羽毛角蛋白

羽毛角蛋白大约由 20 种蛋白质组成,它们之间只有少数氨基酸的区别。所有这些蛋白质的分子质量都约为 10ku,都具有丰富的疏水氨基酸和半胱氨酸残基的特征,这两者都是它们有不溶于水特性的原因。

1.255 蛋白质的湿法加工

蛋白质的湿法加工指用扩散和溶剂蒸发或"铸造"的加工方法。首先,将蛋白质溶解在合适的溶剂中,使其形成薄膜,在其中添加所需的添加剂、功能性化合物或填料(增塑剂、交联剂、抗菌剂、微米/纳米颗粒等),然后展开薄膜,使溶剂蒸发。

1.256 蛋白质的干法加工

蛋白质的干法加工指在增塑剂的存在下,在低湿度和高温以及压力或剪切力的作用下,蛋白质的黏弹性得到提升,使它们能够被塑形,用于生产各种材料(包括包装材料)的方法。

1.257 蛋白质的热成型

蛋白质的热成型包括对塑化蛋白混合物施加高温和高压,使其具有黏弹性,因此当冷却时,它们会形成一层膜,由疏水作用和离子相互作用、氢键和/或共价键稳定。

1.258 生物纳米复合材料

生物纳米复合材料指具有 2 个及以上相的新兴材料,其本质上是生物聚合物(连续相)如蛋白质、脂类、多糖、核酸等,以及填料。

1.259 欧姆杀菌

欧姆杀菌指借助通入电流使液态食品内部产生热量达到杀菌目的的新型加热杀菌技术。

1.260 胺类物质来源

胺类物质来源指含氮的有机胺类化合物是 $N-$ 亚硝基化合物的一类前体物,该类物质也广泛存在于环境和食物中。胺类化合物是蛋白质、氨基酸、磷脂等生物大分子合成的原料,因此也是各种天然动物性和植物性食品的成分。

更新名词

1.261 抗冻蛋白

抗冻蛋白是一类广泛分布于某些植物、脊椎动物、真菌和细菌中的多肽,可在零下环境中生存且有独特的抑制冰晶生长的能力。

1.262 冷球蛋白

冷球蛋白指在低温下沉淀的免疫球蛋白。

1.263 蛋白质的冷变形

蛋白质的冷变形指蛋白质在低温环境热力学性质不稳定的现象。

1.264 蛋白质静电纺丝作用

蛋白质静电纺丝作用指在高压静电场中,对带电荷的大分子蛋白质(胶原蛋白、明胶、玉米醇溶蛋白等)或其溶液进行喷射、拉伸、分裂、凝固或溶剂挥发的过程。

1.265 蛋白皮克林乳液稳定

在乳化和发泡过程中和之后,乳液的颗粒尺寸范围可能相差很大,从几纳米到几十微米不等。当油水界面被一层蛋白基固体颗粒包裹的乳化液滴吸附时,这种机制称为蛋白皮克林乳液稳定。

1.266 抗性蛋白质

抗性蛋白质是一种不被消化酶水解或在人体小肠中吸收的膳食成分。

1.267 生物聚合物薄膜

生物聚合物薄膜是塑料薄膜的替代品,由可再生资源制成,通常从天然原料如淀粉、纤维素和蛋白质中获得。

1.268 细胞培养肉

细胞培养肉指在特定的培养条件下,在培养基中利用动物肌肉细胞中的多能干细胞等培养出来的具有传统肉类结构、风味口感的产品。

2 食品多肽领域热点术语

2.1 蛋白质酶解工序

2.1.1 蛋白酶分类

2.001 蛋白酶

蛋白酶指催化蛋白质中肽键水解的一类酶的总称。

2.002 肽酶

肽酶指所有蛋白水解酶。蛋白酶和肽酶本质上均是指分解蛋白质的酶,但在国内肽酶往往指外切蛋白酶。

2.003 内肽酶

内肽酶指从内部切割多肽链生成大片段的酶,又称蛋白水解酶。

2.004 外肽酶

外肽酶在靠近多肽链的末端发挥作用,切下1个或几个氨基酸残基的产物。

2.005 天冬氨酸蛋白酶

天冬氨酸蛋白酶是一类在酸性 pH 条件下具有较高的催化活性和稳定性的内肽酶,活性中心含有 2 个天冬氨酸残基的羧基端,能被对溴苯甲酰甲基溴(P-BPB)或重氮试剂如重氮乙酰正亮氨酸甲酯(DAN)不可逆地失活。

2.006 半胱氨酸蛋白酶

半胱氨酸蛋白酶,又称巯基蛋白酶,是一种活性中心由半胱氨酸、组氨酸两种必需基团组成的内肽酶。半胱氨酸蛋白酶的活性依靠巯基(—SH)来维持,一些重金属离子、烷化剂、氧化剂可抑制半胱氨酸蛋白酶的活性。半胱氨酸蛋白酶编码的前三位为 E.C.3.4.22。目前,已有报道的动物消化系统中的半胱氨酸蛋白酶在酸性条件下活性较高,在碱性条件下几乎无活性,主要种类有组织蛋白酶 B、组织蛋白酶 L 和组织蛋白酶 S。此外,木瓜蛋白酶、无花果蛋白酶、菠萝蛋白酶以及某些链球菌蛋白酶也属于此类。

2.007 丝氨酸蛋白酶

丝氨酸蛋白酶的活性中心指由一个丝氨酸残基连接一个咪唑基和天冬氨酸羧基构成的,其编码的前三位为 E.C.3.4.21。丝氨酸蛋白酶几乎全是内肽酶,胰蛋白酶、糜蛋白酶、弹性蛋白酶、枯草杆菌碱性蛋白酶、凝血酶均属于此类。

2.008 苏氨酸蛋白酶

苏氨酸蛋白酶是一个蛋白水解酶家族,在活性位点内含有苏氨酸(Thr)残基。这类酶的原型成员是蛋白酶体的催化亚基,但酰基转移酶会聚进化出相同的活性位点几何结构和机制。苏氨酸蛋白酶的机制是苏氨酸蛋白酶使用其 N-末端苏氨酸的仲醇作为亲核试剂进行催化。苏氨酸必须是 N-末端,因为相同残基的末端胺通过极化有序水而起到一般碱的作用,从而使醇去质子化以增加其作为亲核试剂的反应性。

2.009 动物蛋白酶

动物蛋白酶指从动物中获得的蛋白酶。

2.010 植物蛋白酶

植物蛋白酶指从植物中获得的蛋白酶。

2.011 微生物蛋白酶

微生物蛋白酶指来源于微生物的食品生产常见水解酶。通常包含有中性蛋白酶和碱性蛋白酶。

2.012 酸性蛋白酶

酸性蛋白酶是一类在酸性 pH 条件下具有较高的催化活性和稳定性的内切蛋白酶。酸性蛋白酶主要有胃蛋白酶和真菌酸性蛋白酶,大部分酸性蛋白酶的活性中心含天冬氨酸,故又称天冬氨酸蛋白酶,等电点一般为 3~4.5。

2.013 碱性蛋白酶

碱性蛋白酶一般泛指由微生物发酵,最适

pH 在碱性范围内的一类蛋白酶的总称。碱性蛋白酶广泛应用于洗涤、食品、摄影、皮革、丝绸等诸多行业，在洗涤行业中用量尤为巨大。大多数微生物碱性蛋白酶的活性中心含有丝氨酸，属于丝氨酸蛋白酶，其重要特征是遇到作用于丝氨酸的试剂二异丙基氟磷酸（diisopropyl fluoro phosphate，DFP）会失活。

2.014 中性蛋白酶

中性蛋白酶指最适 pH 接近中性的蛋白水解酶。由于能在较温和的 pH 条件下发挥作用，此类酶在化工、食品等工业生产中获得应用。

2.015 胰蛋白酶

胰蛋白酶是一种肽链内切酶，可特异性水解由赖氨酸和精氨酸等碱性氨基酸或芳香族氨基酸的羧基所连接而成的肽链，产生小分子肽和氨基酸，在生物化学分析中常被用于蛋白质化学结构的测定。白色或黄色结晶或无定形粉末，无臭，溶于水，不溶于乙醇、甘油等有机溶剂，在干燥状态下稳定性高，在水溶液中不稳定，当溶液中有钙离子存在时，稳定性可增强，其 pH 有效作用范围为 5~9，最适 pH 8~9。

2.016 胃蛋白酶

胃蛋白酶是一种内切蛋白酶，专一性较差，主要水解由芳香族氨基酸的氨基和其他氨基酸形成的肽键，同时对某些氨基酸如亮氨酸、谷氨酸等的氨基参与构成的肽键也可起到水解作用，可迅速降低大分子蛋白质的分子质量。白色或淡黄色的粉末，分子质量在 35ku 左右，易溶于水，其水溶液有强烈臭味，在中性及碱性水溶液中易造成活性下降

甚至失活，最适作用 pH 1~3。

2.017 胰凝乳蛋白酶（糜蛋白酶）

胰凝乳蛋白酶（糜蛋白酶）由动物的胰脏分泌，初分泌时以酶原形式存在，需经胰蛋白酶激活。胰凝乳蛋白酶是一种内切蛋白酶，可水解由色氨酸（Trp）、苯丙氨酸（Phe）、酪氨酸（Tyr）等芳香族氨基酸或非极性侧链的氨基酸羧基形成的肽键，此外，还可以极其缓慢的速度水解由其他氨基酸形成的肽键，尤其是由亮氨酸（Leu）或蛋氨酸（Met）构成的肽键。

2.018 木瓜蛋白酶

木瓜蛋白酶是一种食品生产中常见的水解酶，为白色至淡黄色粉末，具一定的吸湿性，吸潮后颜色加深，可溶于水和甘油，具有一定的特征香气。木瓜蛋白酶作用范围极广，最适 pH 6~7 但在 pH 3~9.5 内仍能对蛋白质起到水解作用；其作用最适温度为 55~65℃，耐热性极强，甚至在 90℃ 高温下都无法使其完全失活。

2.019 氨肽酶

在肽链的 N-末端断裂肽键的酶称为氨肽酶。按有限水解氨基酸的种类可分为亮氨酸氨肽酶、丙氨酸氨肽酶、半胱氨酸氨肽酶、三肽-氨肽酶、脯氨酸氨肽酶、精氨酸氨肽酶和谷氨酸氨肽酶等。

2.020 二肽酶

二肽酶是对作用于二肽肽键的外切水解酶类的统称，按作用机制可分为两类：一类是从多肽链的 C-末端或 N-末端水解产生二肽，命名为肽基二肽酶；另一类是水解二肽

产生游离氨基酸,命名为二肽酶。

与迁移外,还与细胞信号的传导有关。

2.021 菠萝蛋白酶

菠萝蛋白酶属于巯基蛋白酶,是从菠萝植株中提取的一种蛋白水解酶系,主要存在于菠萝的茎和果实中。

2.023 木瓜凝乳蛋白酶

木瓜凝乳蛋白酶是木瓜蛋白酶家族的一种胞外巯基蛋白酶,具有凝乳和蛋白质水解能力。

2.022 无花果蛋白酶

无花果蛋白酶是一类巯基蛋白酶,主要存在于无花果的乳胶及花托蛋白质中,是一种用途广泛的植物蛋白酶,除参与蛋白质的分解

2.024 钙激活蛋白酶

钙激活蛋白酶是一组非溶酶体的半胱氨酸蛋白水解酶超家族成员,依赖钙离子激活而发挥生物学功能。

2.1.2 蛋白酶性质

2.025 蛋白酶活力

根据 GB/T 23527.1—2023《酶制剂质量要求 第 1 部分:蛋白酶制剂》,蛋白酶活力指催化蛋白质水解为多肽和氨基酸的能力,表示为 1g 固体蛋白酶制剂(或 1mL 液体蛋白酶制剂)含有的酶活力单位。在一定温度和 pH 条件下,1min 内水解酪蛋白产生 1μg 酪氨酸的蛋白酶量,即为 1 个酶活力单位,以 U 表示。

2.026 酶的活性部位

在酶蛋白分子上不是全部组成多肽的氨基酸都起催化作用,只有少数的氨基酸残基和酶的催化活性直接相关。这些氨基酸残基一般集中在酶蛋白的一个特定区域,这个区域称为酶的活性部位或活性中心。

2.027 酶的绝对专一性

除了一种底物外,其他任何物质酶都不起催

化作用,这种专一性称为酶的绝对专一性。若底物分子发生细微的变化,便不能作为酶的底物。

2.028 酶的相对专一性

一些酶能够对在结构上相似的一系列化合物起催化作用,这类酶的专一性称为酶的相对专一性。

2.029 酶的立体专一性

一种酶只能对一种立体异构体起催化作用,而对对映体则无作用,这种专一性称为酶的立体专一性。

2.030 酶的比活力

酶的比活力指在固定条件下,每毫克酶蛋白所具有的酶活力。酶的比活力主要用于表征酶的纯化程度。蛋白酶比活力一般指在一定 pH、温度等标准反应条件下,1min 水解

底物酪蛋白产生 1μg 酪氨酸的蛋白酶量,为 1 个比活力单位。

2.031　酶的激活剂和抑制剂

酶促催化反应是一个复杂的化学反应,有许多物质可以减弱、抑制甚至破坏酶的作用,但也有化学物质能对它起促进作用,前者称为酶的抑制剂,后者称为酶的激活剂。

2.032　竞争性抑制

酶-抑制剂复合物(EI)不能催化底物反应,因为 EI 的形成是可逆的,而且底物和抑制剂不断竞争酶分子上的活性中心,称为竞争性抑制。

2.033　非竞争性抑制

有些化合物既能与酶结合,也能与酶-底物复合物结合,称为非竞争性抑制。

2.034　反竞争性抑制

反竞争抑制指抑制剂不能与酶直接结合,而只能与酶-底物复合物可逆结合生成酶-底物-抑制剂复合物,进而影响酶促催化反应的现象。

2.1.3　酶解参数及产物

2.035　寡肽

由 2~20 个氨基酸残基通过肽键连接形成的肽,称为寡肽。

2.036　水解度

水解度指蛋白质中被水解的肽键数目占总的肽键数目的百分比。

2.037　多肽

多肽指由 20 个以上的氨基酸残基组成的肽。

2.038　米氏常数 K_m

米氏常数 K_m 指酶促催化反应速度达到最大反应速度一半时的底物浓度。k_{cat} 描述的是酶-底物复合物(ES)分解为产物的一级反应速度常数。K_m 为酶催化常数,但可在严格规定的条件下测定出来,通常以 mol/L 表示。

2.039　三氯乙酸可溶性氮指数

三氯乙酸可溶性氮指数指在 100g/L 三氯乙酸(trichloroacetic acid,TCA)水溶液中酶解液的可溶性含氮物质(游离氨基酸、寡肽)占总氮的比例。

2.040　F 值

支链氨基酸[BCAA:缬氨酸(Val)、异亮氨酸(Ile)、亮氨酸(Leu)]与芳香族氨基酸[AAA:酪氨酸(Tyr)、苯丙氨酸(Phe)、色氨酸(Trp)]的物质的量之比称为 F 值。

2.041　高 F 值寡肽

高 F 值寡肽指在氨基酸组成中 F 值较高的寡肽的混合物。高 F 值寡肽具有辅助治疗肝性脑病、提供能量、抗疲劳、改善手术后和卧床病人的蛋白质营养状态等多种生理活性。

更新名词

2.042 蛋白水解靶向嵌合体

蛋白水解靶向嵌合体（PROTAC）是由 3 种结构组成的双功能小分子，即与目标蛋白（protein of interest，POI）结合的配体、与 E3 连接酶连接的配体和合适的连接物（linker），形成 POI 配体-linker-E3 配体三元复合物，它们的工作原理是将 E3 连接酶和目标蛋白紧密结合，E3 连接酶诱导 POI 泛素化，被泛素标记的 POI 被蛋白酶体识别并降解。基于它们的作用机制，PROTAC 可能靶向任何类型的蛋白质。

2.043 微芯片蛋白水解系统

微芯片蛋白水解系统由注射器泵和微芯片蛋白分解生物反应器组成，两者通过管子连接。在 37℃下，蛋白质样品溶液由注射器泵以一定的流速通过微芯片生物反应器的通道，通过基质辅助激光解吸电离（matrix-assisted laser desorptionlionization，MALDI）飞行时间（time of flight，TOF）或电喷雾电离（electrospray ionization，ESI）质谱（mass spectrometry，MS）鉴定微芯片末端积累的流出物。根据通道的体积和样品溶液的流速，可以估计流动的蛋白质和固定化的酶的相互作用时间（通常为 2~10s）。由于 MALDI 板上可以点样数百个样品进行肽图分析，微芯片生物反应器与 MALDI-TOF MS 联用预示着高通量蛋白质鉴定的巨大前景。此外，微芯片生物反应器的出口可以连接到（ESI）MS 系统的样品入口，形成在线消化和快速鉴定蛋白质的自动化系统。

2.044 限制性蛋白水解

限制性蛋白水解是影响分泌蛋白的一种基本的并且普遍存在的翻译后修饰（post-translational modification，PTM），它调节许多细胞和生理过程，有限蛋白水解的功能结果是多种多样的，可以导致蛋白功能的激活、失活和改变。限制性蛋白水解在几乎所有的生物途径中都有调节作用，包括凝血、细胞增殖和细胞死亡。

2.045 线粒体蛋白酶解

线粒体蛋白酶解是一种前线的线粒体质量控制机制，它与其他机制相结合，包括清除活性氧（reactive oxygen species，ROS）和有丝分裂，以维持线粒体的整体适合性。线粒体每个亚室的蛋白稳定是由一些线粒体蛋白酶（有丝分裂酶）维持的，通过降解错误折叠的蛋白质和处理新进的蛋白质以促进生物反应。

2.046 膜内蛋白水解酶

膜内蛋白水解酶是一种活性部位嵌入脂质双层中的蛋白水解酶，它主要裂解跨膜底物，通常是为了释放信号分子。

2.047 蛋白质的末端修饰

蛋白质的末端修饰是指通过从末端修剪肽链或将蛋白质切成两半，蛋白水解酶形成显示新末端的较短的链。蛋白质中 α-氨基末端和羧基末端的独特化学性质和位置使蛋白质具有特殊的化学和物理性质。因此，蛋白质末端的修饰往往与蛋白质的新生物活性有关。

2.048 N-端规则途径

N-端规则途径是一种调节蛋白降解中所使用的策略,根据蛋白质 N-末端残基的性质来定义蛋白质的稳定性。氨基酸分为稳定残基和不稳定残基,它们是蛋白质降解的识别决定因素。

2.049 丝氨酸蛋白水解酶

在所有已知的蛋白水解酶中,超过 1/3 是丝氨酸蛋白酶,分成 13 个氏族和 40 个家族。这个家族的名字源于酶活性部位的亲核丝氨酸(Ser),它攻击底物多肽键的羰基部分形成酰基酶中间体。

2.050 HTRA 水解酶

HTRA(high temperature requirement A)水解酶是细胞核心蛋白水解酶家族中一种区别于丝氨酸蛋白水解酶的重要水解酶类。HTRA 水解酶与其他丝氨酸蛋白水解酶的区别在于序列同源性、蛋白酶域、1 个或 2 个羧基末端盘状同源区域结构域以及它们的寡聚结构。HTRA 家族成员的主要功能是蛋白质质量控制,还可以通过切割或隔离调节蛋白来触发或调节各种信号通路。哺乳动物 HTRA 水解酶活性的丧失与严重疾病有关,包括关节炎、癌症、家族性缺血性脑血管疾病和老年性黄斑变性,以及帕金森病和阿尔茨海默病。HTRA 水解酶的另一个显著特征是其催化活性可以微调,并且可以可逆地开启和关闭。

2.051 酶促反应动力学

酶促反应动力学由反应速率来描述,反应速率取决于化合物(如底物、产物、辅因子、激活剂和抑制剂)与催化酶相互作用的机制。影响酶反应动力学的最基本的外部因素是酶和相互作用化合物的浓度、pH、离子强度和温度。理想情况下,相应速率方程的正确数学描述应该准确地描述有关反应的所有反应物和修饰配体如何相互作用以及影响反应速度的完整信息。完全已知的反应动力学机制可表明酶的活性是如何被调节的。

2.052 ATP 依赖性蛋白酶解

ATP 依赖性蛋白酶解指 ATP 水解酶参与的蛋白酶解过程,存在于每个活细胞中,对异常蛋白或聚集蛋白的质量控制以及某些条件下调节的蛋白分解很重要。后者通过降解关键的调节蛋白或酶来塑造细胞蛋白质组,以响应细胞生长条件。

2.2 多肽分离纯化及鉴定

2.2.1 多肽与蛋白质

2.053 多肽链

多肽链指氨基酸残基组成的多肽一维结构。

2.054 分子内缩合反应

2 个或 2 个以上有机分子相互作用后以共价键结合成 1 个大分子,并常伴有失去小分子(如水、氯化氢、醇等)的反应。在多官能团化合物的分子内部发生的类似反应则称为分子内缩合反应。

2.055 二肽

二肽指由 2 个氨基酸残基通过肽键连接形成的肽。

2.056 延伸因子

延伸因子指 mRNA 翻译时促进多肽链延伸的蛋白质因子。

2.057 共价交联

共价交联指用交联剂使 2 个或者更多的分子分别偶联从而使这些分子结合在一起。而共价交联则是其中一种形式。

2.058 羧端(C-末端)

羧端(C-末端)指在肽或多肽链中含有游离羧基的氨基酸一端。在表示氨基酸序列时,通常将 C-末端放在肽链的右边。

2.059 氨端(N-末端)

氨端(N-末端)指在肽或多肽链中含有游离 α-氨基的氨基酸一端。在表示氨基酸序列时,通常将 N-末端放在肽链的左边。

2.060 主链

主链指有机物分子中最长的碳链,即含有碳原子数目最多的链。

2.061 氨基酸残基

氨基酸残基指结构中含有氨基和羧基的一类有机化合物。氨基连在 α-碳上的为 α-氨基酸。组成蛋白质的氨基酸均为 α-氨基酸。

2.062 顺式肽键

顺式肽键指具有顺式构象的肽键。

2.063 反式肽键

反式肽键指具有反式构象的肽键。

2.064 肽单位

肽单位指由参与肽链形成的氮原子、碳原子和它们的 4 个取代成分(羟基氧原子、酰胺氢原子和 2 个相邻 C_α)组成的 1 个平面单位,它是肽键主链上的重复结构。

2.065 侧链

侧链指有分支结构的开链烃分子中较短的链。

2.066 构象

构象指分子中由于共价单键的旋转所表现出的原子或基团的不同空间排列。指 1 组结构而不是指单个可分离的立体化学形式。构象的改变不涉及共价键的断裂和重新组成,也无光学活性的变化。

2.067 肽平面

肽平面指肽链主链上的肽键因具有双键性质,不能自由旋转,使连接在肽键上的 6 个原子共处同一平面。

2.068 环肽

环肽指 N-末端与 C-末端以酰胺键呈环状
的多肽。

2.2.2 多肽分类

2.069 神经肽

神经肽指存在于神经组织并作用于神经系统的一类神经激素、神经递质和神经调质。具有广泛的生理作用,参与许多疾病的病理过程。

2.070 神经调节肽

神经调节肽是神经调节肽 B 和神经调节肽 U 的统称。

2.071 神经调节肽 B

神经调节肽 B 又称促甲状腺素调节素,是最初从猪脊髓中分离出的一种肽,属于铃蟾肽类家族,能抑制垂体促甲状腺素的分泌和刺激催乳素的分泌。

2.072 神经调节肽 U

神经调节肽 U 是一种结构上高度保守的神经肽,广泛分布在下丘脑、垂体、胃肠道以及泌尿生殖系统中,是中枢神经系统和消化道的神经递质,具有刺激平滑肌收缩、抑制摄食、调节能量平衡、抑制胃酸分泌、小肠的离子转运等多种功能。

2.073 δ 睡眠(诱导)肽

δ 睡眠(诱导)肽是最初发现于兔与大鼠血浆中的一种小肽,氨基酸残基序列为 WAG-GDASGE,其在睡眠时浓度会增加 7 倍,注射清醒的动物后可快速诱导慢波睡眠,在脑电图中出现 δ 睡眠波。

2.074 速激肽

速激肽是一组神经肽,在 N-末端有 F-X-G-L-M-NH$_2$ 序列的生物活性肽。包括 P 物质(SP)、神经肽 A、神经肽 B、神经肽 K、神经肽 Y。在特定的刺激下呈钙依赖性释放,起调节神经系统和引起肠道平滑肌收缩的作用。

2.075 缩胆囊肽

缩胆囊肽是十二指肠分泌的一种三十三肽激素,能刺激胰腺分泌消化酶和引起胆囊收缩。

2.076 塌陷多肽链

塌陷多肽链是一种蛋白质折叠假设说中推测的一种中间态,即蛋白质肽链在疏水作用下瞬间收缩形成的结构,一般认为肽链中大约有 2/3 的氨基酸残基参与这一过程。

2.077 唾液酸糖肽

唾液酸糖肽是一种含有唾液酸的糖肽。

2.078 蛙紧张肽(蛙肽)

蛙紧张肽(蛙肽)是序列为 pDVPQWAVGH-

FM-NH$_2$的活性肽,是铃蟾肽类似物。

味觉很重要,与碳酸酐酶Ⅳ的前体相关。

2.079 蛙皮降压肽

蛙皮降压肽是从青蛙皮肤分离的一种四十肽。类似于促肾上腺皮质素释放素和尾紧张肽Ⅰ。

2.080 蛙皮肽

蛙皮肽是从蛙类皮肤中得到的肽类的总称,包括铃蟾肽、雨蛙肽、爪蟾肽等。

2.081 尾促皮质肽

尾促皮质肽最初是从大鼠中脑克隆到的促肾上腺皮质素释放素家族中的新成员,是一种四十一肽,与尾紧张肽有63%的同源性,与促肾上腺皮质素释放素有45%的序列相同。人的尾促皮质肽基因定位于第2号染色体,其氨基酸组成与鼠的有95%的一致。尾促皮质肽对促肾上腺皮质素释放素受体-1、促肾上腺皮质素释放素受体-2α、促肾上腺皮质素释放素受体-2β型有高亲和力,并能激发促肾上腺皮质素释放素受体的腺苷酸环化酶活性。

2.082 尾紧张肽

尾紧张肽最初发现是由硬骨鱼的尾垂体分泌的,也因此得名。主要有两种类型。尾紧张肽Ⅰ是四十一肽,存在于中枢神经系统中,通过释放儿茶酚胺发挥作用,调节血管弹性,影响血压;尾紧张肽Ⅱ在灵长类动物中是强烈血管收缩剂。

2.083 味(多)肽

味(多)肽是唾液腺中一种含锌的蛋白质,可影响味蕾的生长(味蕾特别依赖锌),对维持

2.084 小脑肽

小脑肽是一种十六肽,特异存在于小脑皮层中层内的浦肯野细胞的突触后结构,其浓度出生时较低,5~15d达到峰值,在哺乳动物和鸟类中比较保守。

2.085 缬酪肽

缬酪肽是最初在猪小肠中分离的一种二十五肽。在机体中存在着一些含有此肽的蛋白质。

2.086 心房(钠尿)肽

心房(钠尿)肽是一种内分泌激素,存在于心房肌细胞内的颗粒中,可调节机体水平衡和影响血压。

2.087 新内啡肽

新内啡肽是由亮氨酸内啡肽向C-末端延伸得到的活性肽。如α-新内啡肽和β-新内啡肽分别是十肽和九肽。

2.088 新生肽

新生肽指由核糖体上刚形成的或正在形成的肽链。需要经翻译后加工才能成为构象正确的有活性的成熟蛋白质。

2.089 信号肽

信号肽是分泌蛋白新生肽链N-末端的一段由20~30个氨基酸残基组成的肽段。该肽段可将分泌蛋白引导进入内质网,同时这个肽段被切除。现在这一概念更新为决定新生肽链在细胞中的定位或决定某些氨基酸

残基修饰的一些肽段。

2.090 信号肽酶

信号肽酶是在质膜蛋白插入质膜中后去除信号肽的一组肽内切酶，包括信号肽酶Ⅰ和信号肽酶Ⅱ。

2.091 锌肽酶

锌肽酶是一种金属内切肽酶，以锌离子为辅助基团的金属肽酶，如羧肽酶。

2.092 C 型利尿钠肽

C 型利尿钠肽是主要由血管内皮细胞分泌的利尿钠肽家族的一员，由 22 个氨基酸残基组成的多肽。在局部发挥血管扩张和抗增殖作用。

2.093 血管紧张肽

血管紧张肽是一类引起血压上升作用和促进醛固酮分泌作用的肽类，是血管紧张肽Ⅰ、Ⅱ的总称。血管紧张肽Ⅰ由血管紧张肽原在血管紧张肽原酶催化作用下断裂生成，是血管紧张肽Ⅱ的无活性的十肽前体，结构为 L-Asp-L-Arg-L-Val-L-Tyr-L-Ile(L-Val)-L-His-L-Pro-L-Phe-L-His-L-Leu。血管紧张肽Ⅱ是具有促进血管收缩和醛固酮分泌作用的八肽，结构为 L-Asp-L-Arg-L-Val-L-Tyr-L-Ile(L-Val)-L-His-L-Pro-L-Phe，是由血管紧张素酶切去血管紧张肽Ⅰ的 C-末端 2 个氨基酸残基而得。

2.094 血管紧张肽原

血管紧张肽原是一种在肝脏中形成的球蛋白，是血管紧张肽的前体。经酶切得到十肽——血管紧张肽Ⅰ，再切去二肽，转换为八肽，即血管紧张肽Ⅱ。

2.095 血管紧张肽原酶(肾素)

血管紧张肽原酶(肾素)是一种由肾脏产生的蛋白酶，通过切割血管紧张肽原亮氨酸羧基一侧的肽键使之转变为血管紧张肽。

2.096 血管紧张肽Ⅰ转化酶

血管紧张肽Ⅰ转化酶催化 C-末端肽基二肽水解的酶，可作用于血管紧张肽Ⅰ和血管舒缓激肽，将十肽血管紧张肽Ⅰ转化为八肽血管紧张肽Ⅱ。

2.097 血管紧张肽Ⅰ转化酶抑制肽

血管紧张肽Ⅰ转化酶抑制肽是一种抑制血管紧张肽Ⅰ转化酶的肽，通过抑制血管紧张肽Ⅰ转化酶的活性起降压作用，此肽与血管紧张肽Ⅰ转化酶活性区域结合后阻碍了血管紧张肽Ⅰ转化为血管紧张肽Ⅱ。

2.098 血管舒张肽

血管舒张肽是一种能使血管舒张的多肽，是心房血管舒张肽的活性组分，其基因工程产品曾用来治疗高血压。

2.099 血管活性肠收缩肽

血管活性肠收缩肽是在小肠中表达的一种二十一肽，对小肠收缩有较强的作用，但对血管收缩的作用较弱。

2.100 血管活性肠肽

血管活性肠肽是在胃肠道发现的一种二十八

肽。在体内分布广泛,不仅局限于胃肠道。能舒张血管,增加心脏输出,促进糖原分解,抑制胃液分泌,刺激肠液分泌和脂解作用。

2.101 血管活性肽

血管活性肽是对血管有活性作用的肽类的泛称。包括血管活性肠收缩肽和血管活性肠肽等。

2.102 血纤肽

血纤肽产生于凝血酶切割血纤蛋白原生成血纤蛋白单体过程中的两种带负电荷的肽。人血纤肽 A(十六肽)来自血纤蛋白原 Aα链,血纤肽 B(十四肽)来自 Bβ 链。

2.103 鲟精肽

鲟精肽是从鲟鱼精子中分离得到的属于鱼精蛋白类的碱性多肽。

2.104 薹环十肽

薹环十肽是一类高度亲脂的环状十肽,在体外可以与钠和钙离子形成复合体,可用作离子载体。

2.105 叶泡雨滨蛙肽

叶泡雨滨蛙肽是铃蟾肽的同系物,为九肽,氨基酸残基序列为 pELWA[V/T]GS[L/F]M-NH₂。

2.106 叶泡雨蛙肽

叶泡雨蛙肽是一种从蛙类皮肤中分离得到的九肽,可强烈地刺激胃酸的分泌。经常与雨蛙肽(类似的十肽)共存。

2.107 贻贝抗菌肽

贻贝抗菌肽是从贻贝血液中得到的一类抗菌肽,由约 40 个氨基酸残基组成,含 4 对二硫键。其序列模体为—CX4CX3CX4CX4CX8CXCXXC—,其中 C 为半胱氨酸残基,X 为其他氨基酸残基。

2.108 贻贝抗真菌肽

贻贝抗真菌肽是一类分子质量为 6.5ku 的抗真菌肽,含有 12 个半胱氨酸残基。

2.109 贻贝杀菌肽

贻贝杀菌肽是从贻贝中得到的一类抗菌肽,由约 35~37 个氨基酸残基组成,含 4 对二硫键。其序列模体为—CX3CX3CX4CX10CXCXCXXC—,其中 C 为半胱氨酸残基,X 为其他氨基酸残基。

2.110 胰多肽

胰多肽是首先在鸡中发现的一种多肽类候选激素,继而从不同种属的胰腺中分离得到的三十六肽,有明显的胃肠效应。

2.111 激肽

激肽是由激肽释放酶作用于血液中的激肽原形成的十肽,包括胰激肽 I(一种九肽,即缓激肽)和胰激肽 II(一种十肽,即缓激肽的赖氨酰衍生物)。是一种强效血管舒张剂,能增加血管通透性并导致低血压。

2.112 激肽原

激肽原是无活性的低分子质量蛋白质。在

肾、淋巴和胰液中的激肽原酶作用下,生成有活性的胰激肽。

2.113 胰抑肽(胰抑释素)

胰抑肽(胰抑释素)是在胰腺中分离到的一种多肽。人、猪、牛、大鼠的胰抑释素分别为五十二肽、四十九肽、五十肽和五十一肽。能抑制胰岛细胞分泌胰岛素、胰腺分泌淀粉酶、胃壁细胞分泌胃酸和生长激素的释放。

2.114 *N*-乙酰胞壁酰五肽

N-乙酰胞壁酰五肽是细菌细胞壁中肽聚糖生物合成过程中的中间产物。在 *N*-乙酰胞壁酸 3 位衍生的羧基上顺序连接上 L-Ala-D-Glu-L-Lys-D-Ala-D-Ala。

2.115 抑蛋白酶多肽

抑蛋白酶多肽是由 58 个氨基酸组成的一种碱性多肽。从牛胰腺或牛肺中提取、纯化的肽酶抑制剂。能抑制胰蛋白酶及胰凝乳蛋白酶等,阻止胰脏中其他活性蛋白酶原的激活及胰蛋白酶原的自身激活,临床上可用于防止手术后出血。

2.116 抑咽侧体神经肽

抑咽侧体神经肽是昆虫咽侧体产生的多肽激素。能可逆地抑制保幼激素的分泌,在其他物种中也能发现类似的多肽。

2.117 隐防御肽

隐防御肽是与防御肽类似的具有抗菌活性的肽类。

2.118 雨滨蛙肽

雨滨蛙肽是一种活性九肽,其氨基酸残基序列为 QQWAVGHFM,其 N-末端 Q 环化,C-末端 M 酰胺化,属于铃蟾肽/神经调节肽 B 家族。

2.119 雨蛙肽

雨蛙肽是一种十肽,存在于多种蛙类的皮肤,常与叶泡雨蛙肽(九肽)相伴,两者都有和猪缩胆囊肽相同的 C-末端五肽酰胺序列。从两栖动物的腔和小肠中分离出相似的雨蛙肽样肽,可强烈刺激胃酸分泌。

2.120 援木蛙肽

援木蛙肽是由蛙皮得到的十二肽,属于速激肽类。

2.121 植物硫酸肽

植物硫酸肽是一种植物生长因子,其化学组成为硫酸化酪氨酸的五肽。α 植物硫酸肽能诱导某些植物叶肉细胞的增殖,其 N-末端截短的类似物和未硫酸化的类似物无生物活性或有很低的活性。

2.122 爪蟾抗菌肽

爪蟾抗菌肽是来自爪蟾皮肤的几种抗菌肽,具有形成孔的活性,从而使细菌的膜具有可通透性。对细菌、原虫和真菌有广谱作用。爪蟾抗菌肽 I 是二十三肽。

2.123 爪蟾肽

爪蟾肽是一种神经紧张肽,序列为 pDGKRP-WIL。牛乳经胃蛋白酶水解也可能得到此类活性肽。其中,pD 为焦谷氨酸。

2.124　神经降压肽

神经降压肽是一种十三肽神经递质,在中枢神经系统中分布广,可使中枢神经系统许多区域的神经元兴奋。其有血管舒张作用,是胃液分泌和肠蠕动的抑制剂。

2.125　神经节肽(甘丙肽)

神经节肽(甘丙肽)是广泛分布在几种哺乳动物中枢神经元的生物活性肽。人甘丙肽含 30 个氨基酸残基,主要产生于胰岛内的兴奋性神经末梢,影响胃肠道、尿道平滑肌的收缩,调节生长激素的释放和肾上腺的分泌,抑制胰岛素的释放。

2.126　肾上腺髓质肽

肾上腺髓质肽是一种具有降血压作用的肽激素,降钙素家族肽之一,可调节血液循环。

2.127　肾髓质肽

肾髓质肽是一种具有降血压作用的肽激素,降钙素家族肽之一,可调节血液循环。

2.128　生长调节肽

生长调节肽又称生长调节素、生长素介质,是一组低分子质量的多肽,在促生长素作用下,由肝脏和/或肾脏释放。参与促生长素对骨骼组织的作用,可引起软骨摄取硫酸盐,在靶组织中产生类胰岛素的效应。其中数种生长调节肽也是胰岛素样生长因子。

2.129　食欲肽

食欲肽是与激发食欲相关的肽。由双侧下丘脑及丘脑底部区域分泌的神经肽类激素。本词来自希腊文"orexis(意为食欲)"。

2.130　嗜铬粒抑制肽

嗜铬粒抑制肽是嗜铬粒蛋白 A 在体外经过蛋白酶解产生的小肽,含 20 个氨基酸残基。强烈抑制嗜铬细胞被氨甲酰胆碱等诱导释放儿茶酚胺,抑制促分泌素诱导的钙内流。

2.131　嗜酸性粒细胞趋化性多肽(嗜伊红粒细胞趋化性多肽)

嗜酸性粒细胞趋化性多肽(嗜伊红粒细胞趋化性多肽)是由肥大细胞释放的四肽,能吸引和激活嗜酸性粒细胞。

2.132　水螅肽

水螅肽是一类能特异地刺激水螅足分化的十三肽,其氨基酸残基序列为 EELRPEVLP-DVSE。

2.133　色氨肽

色氨肽是富含脯氨酸残基的一类蛙皮肽。

2.134　乳链菌肽(乳酸链球菌素)

乳链菌肽(乳酸链球菌素)是乳酸链球菌、乳油链球菌和丁二酮乳酸链球菌产生的一种具有抗菌活性的多肽。

2.135　强啡肽

强啡肽是一种十三肽,存在于猪脑、十二指肠、垂体,具有很强的阿片样活性,其 N-末端的 5 个氨基酸序列与脑啡肽相同。其前体是强啡肽原,含 236 个氨基酸残基,是由前强啡肽原经过加工形成的。

2.136 前导肽

前导肽是在真核生物中指引引导新合成的多肽到达特定的细胞器的肽段和在原核生物中指引引导新合成的多肽从胞质到外周质的肽段，存在于新合成多肽的 N-末端或 C-末端，常在引导任务完成后被切除。

2.137 葡糖胺肽

葡糖胺肽又称黏肽、肽聚糖，是由 *N*-乙酰氨基葡糖、*N*-乙酰胞壁酸与 4~5 个氨基酸短肽聚合而成的多层网状大分子结构，存在于革兰氏阳性菌和革兰氏阴性菌的细胞壁中。

2.138 皮抑菌肽

皮抑菌肽是来自两栖动物皮肤的抗微生物多肽，能保护裸露的蛙类皮肤免受感染，系首次发现可以杀死真菌的脊椎动物多肽，其中 S1~S5（含 28~34 个氨基酸残基，富含赖氨酸）组成带正电荷的抗真菌肽家族。

2.139 皮脑啡肽

皮脑啡肽是存在于叶泡蛙皮肤中的一种五肽，对 δ 阿片样肽受体的亲和力和选择性很强。

2.140 皮啡肽

皮啡肽是从一种蛙类和某些两栖动物皮肤分离的七肽酰胺，表现长时间的阿片样活性。

2.141 泡蛙肽

泡蛙肽是从一种两栖类皮肤中得到的十一肽，属于速激肽家族。

2.142 尿舒张肽

尿舒张肽是心房钠尿肽的一种衍生肽，可作用于心房钠尿肽受体。

2.143 鸟苷肽

鸟苷肽是十五肽激素，存在于大鼠空肠，可以结合并激活肠中的鸟苷酸环化酶。

2.144 内源性阿片样肽

内源性阿片样肽是一组体内产生的天然肽。具有吗啡药理作用，主要包括脑啡肽、强啡肽、新内啡肽，以及几种强啡肽前体衍生肽、内啡肽，几种存在于体液（如牛奶）中抗链霉蛋白酶的肽。

2.145 内皮肽

内皮肽是由内皮细胞释放的一组二十一肽激素，是已知最有力的血管收缩激素，影响肌肉收缩力、有丝分裂和中枢和外周交感神经活动，刺激肾素-血管紧张肽-醛固酮系统，还能通过诱导释放 NO 起血管扩张作用。

2.146 内含肽

内含肽是存在于某些蛋白质前体肽链内部的一些肽段。在转变为成熟蛋白质时，通过非酶促的转肽反应被切除，与其对应的是保留于成熟蛋白质中的外显肽。这些肽段具有核酸酶活性。

2.147 内啡肽

内啡肽是与吗啡活性相似的高等生物内源性阿片样肽，最常见于脑下垂体分泌的 α-

内啡肽、β-内啡肽和γ-内啡肽,分别含16、17、31个氨基酸残基,其结构相似,仅C-末端不同。胰脏、胎盘、肾上腺髓质等组织内啡肽的分子质量约7ku,其前体较大,为阿片皮质素原。

2.148　脑钠肽

脑钠肽是心脏分泌的利尿钠肽家族的一员,由32个氨基酸残基组成的多肽。因其首先在猪脑中发现而命名,能调节血压和血容量的自稳平衡,并有利尿作用。

2.149　脑啡肽

脑啡肽是一种神经递质,又称神经调质或"脑内吗啡"。它能改变神经元对神经递质的反应,起修饰经典神经递质的作用。属于内啡肽,为五肽(YGGFX)。有两种天然脑啡肽存在于脑、脊髓和肠,两者的区别仅在于C-末端分别是亮氨酸和甲硫氨酸,其前体(前脑啡肽)相同。内啡肽和脑啡肽N-末端的4肽序列相同。

2.150　麦角肽

麦角肽是一类具有血管收缩活性的生物碱类肽,或具有神经递质作用的肽。与5-羟色胺、多巴胺和去甲肾上腺素等相关。

2.151　铃蟾肽

铃蟾肽是十四肽神经激素,发现于蛙皮,其N-末端为5-羟脯氨酸,C-末端为甲硫氨酰胺。在哺乳动物中来自胃肠神经,能促进胃泌素和胆囊收缩素分泌,参与肠和脑组织免疫反应,刺激平滑肌收缩。

2.152　铃蟾抗菌肽

铃蟾抗菌肽是在铃蟾皮肤中发现的一种具有抗菌和溶血活性的二十四肽。

2.153　膦酰二肽

膦酰二肽学名为N-(α-鼠李吡喃糖基膦酰胺)-L-亮氨酸-L-色氨酸,是一种来自微生物的蛋白酶抑制剂。专一地抑制嗜热蛋白酶和降解心房钠尿肽的蛋白酶,具有一定的药理作用。

2.154　鳞柄毒蕈肽

鳞柄毒蕈肽是一种存在于蕈类中的毒素,多数是肠毒素。

2.155　粒细胞趋化肽(白介素-8)

粒细胞趋化肽(白介素-8)是某些类型细胞受炎症刺激后释放的因子,为血小板β球蛋白超家族成员,在化学结构上与血小板因子有关,能刺激中性粒细胞和T淋巴细胞。

2.156　赖氨酰缓激肽(胰激肽)

赖氨酰缓激肽(胰激肽)是由激肽释放酶作用于血液中的激肽原形成的十肽。包括胰激肽Ⅰ(一种九肽,即缓激肽)和胰激肽Ⅱ(一种十肽,即缓激肽的赖氨酰衍生物)。是一种强效血管舒张剂,能增加血管通透性并导致低血压。

2.157　恐暗肽

恐暗肽是小鼠经过躲避黑暗的训练后,在脑中积聚的一种十五肽。对未经训练的小鼠给予此类肽可以产生同样的效果。是首次分离并鉴定的具有特定记忆的物质。

2.158　肯特肽（避孕四肽）

肯特肽（避孕四肽）因发现者肯特（Kent）而得名。其序列为 TPRK，具有吗啡样性质，能改变痛觉，但不直接与阿片样受体结合。

2.159　肯普肽

肯普肽因发现者肯普（Kemp）而得名，是 S6 激酶的底物肽（LRRASLG），可被磷酸化。

2.160　抗菌肽

抗菌肽是具有抗菌活性的肽类，其中研究得较多的有天蚕杀菌肽和防御肽等。

2.161　抗冻肽

抗冻肽是一些存在于某些鱼类血液中的、35~40 个氨基酸残基组成的具有抗冻活性的肽类。某些抗冻肽整条肽链全是 $\alpha-$ 螺旋。

2.162　抗蛋白酶肽

抗蛋白酶肽的学名为 $N(2)-\{[(1-$ 羧基 $-2-$ 苯乙基）氨基］羰基 $\}-L-$ 精氨酰 $-N-\{4-$［（氨基亚氨基甲基）氨基］$-1-$ 甲酰丁酰 $\}-$ L- 缬氨酰胺，是由多种细菌产生的一种寡肽，能抑制组织蛋白酶 X。

2.163　锯鳞肽

锯鳞肽是锯鳞蝰蛇蛇毒液中一种可与血小板膜糖蛋白受体结合的肽，抑制血小板聚集。

2.164　金属肽

金属肽是含有金属离子的肽。如胸腺肽，包括许多人为设计的金属肽、模拟酶以及 DNA 结合肽、RNA 结合肽。

2.165　家蚕抗菌肽

家蚕抗菌肽是由家蚕蛹中分离得到的抗菌肽，由 42 个氨基酸残基组成，无半胱氨酸残基、易于形成两亲螺旋的抗菌肽。

2.166　激肽

激肽是引起血管扩张并改变血管渗透性的小分子肽。缓激肽为九肽，胰激肽为十肽。作用于磷脂酶，增强花生四烯酸的释放和产生前列腺素 E2。

2.167　激肽酶

激肽酶是存在于血浆或细胞表面，可以快速地降解激肽的酶。已知有两种：①激肽酶 Ⅰ，即赖氨酸羧肽酶 3；②激肽酶 Ⅱ，即血管紧张肽 Ⅰ 转化酶。

2.168　激肽释放酶（激肽原酶）

激肽释放酶（激肽原酶）是一种丝氨酸蛋白酶，包括血浆型激肽释放酶和组织型激肽释放酶两种类型。能使激肽原释放出一种多肽——激肽，它具有很高的生理活性，在人体组织中起着十分重要的生理作用。

2.169　激肽原

激肽原属于半胱氨酸蛋白酶抑制剂超家族，是在肝脏中合成并存在于体液中的一组无活性肽。高分子质量的激肽原，经酶解后产生缓激肽及辅助因子;低分子质量的激肽原经酶解后产生赖氨酰缓激肽。

2.170 激肽原酶(激肽释放酶)

激肽原酶(激肽释放酶)是一种丝氨酸蛋白酶,包括血浆型激肽释放酶和组织型激肽释放酶两种类型。能使激肽原释放出一种多肽——激肽,它具有很高的生理活性,在人体组织中起着十分重要的生理作用。

2.171 激动肽

激动肽是一组胰高血糖素家族相关肽,发现于钝尾毒蜥(美国西南部和墨西哥西部的一种毒蜥蜴),与血管活性肠肽和肠促胰液素的生物学活性相似。

2.172 肌肽

肌肽是由 β-丙氨酸和组氨酸组成的二肽。存在于包括人在内的某些脊椎动物的骨骼肌中,含量约 30mmol/kg。

2.173 肌调肽

肌调肽是一种神经活性肽(七肽)。对甲壳动物的肌肉纤维的电学和力学应答有调节作用。

2.174 混合短杆菌肽(短杆菌素)

混合短杆菌肽(短杆菌素)是 20% 短杆菌肽和 80% 短杆菌酪肽的混合物。

2.175 缓激肽增强肽

缓激肽增强肽是由蛇毒文库分离到的一种活性寡肽。有两种活性:①加强缓激肽的作用;②抑制血管紧张肽转化酶。这两种相互

独立的活性是由于分子的不同构象所致。

2.176 缓激肽

缓激肽是由前体蛋白质经酶解而得到的,能引起血管扩张并改变血管渗透性的九肽。作用于磷脂酶,提高花生四烯酸释放和前列腺素 E2 的生成。

2.177 鲨素肽

鲨素肽是存在于鲨血淋巴颗粒细胞的小颗粒中的一族多肽小分子,有 17~18 个氨基酸组成。

2.178 鬼笔毒环肽

鬼笔毒环肽是从一种剧毒蘑菇中分离出来的一种多肽物质,属于毒伞肽类毒素,是一种强烈毒素。

2.179 归巢性内含肽

归巢性内含肽是含有内切核酸酶活性的内含肽,可介导其编码序列的基因进行特异的移位。

2.180 蜂毒肽

蜂毒肽是一个强碱性的、不含硫的二十六肽,其 N-末端的甘氨酸残基被甲酸酰胺化,占蜂毒干重的 40%~50%。其二级结构为两亲螺旋,呈现明显的表面活性,可导致溶血。

2.181 蜂毒明肽

蜂毒明肽是已知最小的神经毒性肽,系高度碱性的十八肽酰胺,占蜜蜂毒液干重 2%,含有 2 个链内二硫键,阻断钙离子激活的钾离子通道,抑制中枢神经系统。

2.182 分泌肽片

分泌肽片是分泌型免疫球蛋白A（IgA）分子上的一个辅助成分，为一种含糖的肽链，由黏膜上皮细胞合成和分泌，以非共价形式结合到二聚体上，并一起被分泌到黏膜表面。分泌肽片具有保护分泌型IgA的铰链区免受蛋白水解酶降解的作用，并介导IgA二聚体从黏膜下通过黏膜等细胞到黏膜表面的转运。

2.183 鲱精肽

鲱精肽是从鲱鱼精子中分离得到的、由约30个氨基酸残基构成的多肽。

2.184 蜚蠊焦激肽

蜚蠊焦激肽是昆虫中的神经肽，其活性中心是一个五肽片段（FTPRL-NH$_2$），其类似物作用于大鼠中枢神经系统的阿片样受体，发挥镇痛作用。

2.185 蜚蠊激肽

蜚蠊激肽是最初从蜚蠊如蟑螂分离到的一种神经肽。能活化某些昆虫器官的钙依赖的信号传递，刺激肠蠕动和尿液分泌，介导钠、钾离子的主动运输。

2.186 δ-内啡肽

δ-内啡肽是存在于叶泡蛙皮肤中的一类七肽。对δ阿片样肽受体的亲和力和选择性很强。

2.187 防御肽

防御肽是一组带正电荷的小肽，二级结构以β-折叠链为主，有3对二硫键，以多聚体形式在膜上形成孔，使膜通透，有广谱抗生素活性，使宿主能抵抗微生物，多数存在于吞噬细胞、人和哺乳动物的小肠黏膜、昆虫的血淋巴中。在植物中也发现此类小肽。

2.188 耳腺蛙肽

耳腺蛙肽是一种十一肽，是速激肽类似物。

2.189 鹅肌肽

鹅肌肽的学名为N-$β$-丙氨酰-N-甲基组氨酸，是一种由$β$-丙氨酸和甲基组氨酸通过异肽键结合的二肽，存在于某些动物、人的骨骼肌和脑组织（20mmol/kg）中。

2.190 短杆菌肽

短杆菌肽是一组多肽抗生素，从短小杆菌中分离，具有抗革兰氏阳性菌的作用。市售短杆菌肽是4种短杆菌肽（A~D）的混合物，均为十五肽，L-氨基酸和D-氨基酸交替出现，N-末端有甲酰基，C-末端有乙醇胺基。其二聚体可形成穿膜离子通道，提高生物膜对质子和碱金属离子的通透性。

2.191 短杆菌酪肽

短杆菌酪肽是由短小芽孢杆菌产生的环状十肽，可以改变膜的通透性，导致胞质中的物质外漏，以及使正常情况下不能进入的离子进入细胞内。其结构为—LFPFFNQY-VO—，其中第2、5位的F为D-氨基酸，O为鸟氨酸。

2.192 毒蕈肽

毒蕈肽是一组存在于极毒的伞菌中的结构

相关的含有两个环的七肽,其中含有 4-羟基脯氨酸和 D-苏氨酸等罕见的氨基酸。特异地与纤丝状肌动蛋白结合,抑制后者解聚为球状肌动蛋白,影响细胞的运动。

2.193　毒环肽

毒环肽是一些细菌能合成并分泌的具有毒性的环状肽类。如多黏菌素是环状的九肽。此种肽类中的一些成员可以作为穿膜的离子载体。

2.194　催涎肽

催涎肽是从牛的下丘脑分离到的有催涎作用的神经递质肽。化学合成的类似物用于治疗口干症。

2.195　促咽侧体神经肽

促咽侧体神经肽是一种昆虫神经多肽。在成虫中能刺激保幼激素的生物合成和分泌,在幼虫中能抑制消化道上皮细胞的离子主动运输。在某些昆虫中与消化道和心脏的收缩有关。

2.196　促吞噬肽(脾白细胞激活因子)

促吞噬肽(脾白细胞激活因子)是来源于脾脏的一种能够增强机体细胞免疫功能的四肽物质。主要通过激活多核白细胞、单核细胞、巨噬细胞等,提高机体细胞吞噬、游离及产生细胞毒的能力。

2.197　初乳激肽

初乳激肽是从奶牛初乳中分离得到的一种多肽。经过激肽释放酶作用后释放。能降低血压,使子宫和小肠收缩。

2.198　成骨生长性肽

成骨生长性肽是一种从大鼠再生的骨髓和小鼠基质细胞培养液分离得到的肽,由 14 个氨基酸残基组成,对多种细胞有作用,特别是成骨细胞和造血细胞。

2.199　肠抑胃肽(肠抑胃素)

肠抑胃肽(肠抑胃素)是肠道产生的一种四十三肽,能抑制胃酸和胃蛋白酶的分泌,影响胃蠕动,调节胰岛素的释放。

2.200　肠抑肽

肠抑肽是肠酯酶原在肠道中被胰蛋白酶激活的过程中产生的一种激肽,有减少摄食量的作用。

2.201　肠激肽

肠激肽是肠黏膜分泌的能促进肠蠕动的一种多肽。

2.202　产婆蟾紧张肽

产婆蟾紧张肽是从欧洲产婆蟾中分离得到的,类似于铃蟾肽,具有血管紧张活性的十四肽。

2.203　丙甲甘肽

丙甲甘肽是来自绿色木霉的一种小肽,离子载体类线性多肽抗生素,富含 β-氨基异丁酸残基,可在质膜或人造磷脂膜中形成非特异性阴离子或阳离子的运输通道。

2.204　表抑氨肽酶肽

表抑氨肽酶肽是具有氨酰肽酶抑制剂和金

属蛋白酶抑制剂作用的一种肽分子。

2.205　表皮抗菌肽

表皮抗菌肽是从表皮葡萄球菌分离得到的一种抗生素,含有羊毛氨酸,可以在其他细菌的细胞壁上形成孔。其类似物有乳链菌肽和枯草菌素。它们先合成为前体,需经过加工、交联而成。

2.206　表面活性肽

表面活性肽是枯草芽孢杆菌胞外产生的一种具有表面活性的溶血素,能抗菌但无免疫原性,是由九肽和豆蔻酸的衍生物形成的环形分子。

2.207　壁虎抗凝肽

壁虎抗凝肽是壁虎中的一种抗凝血肽。

2.208　胞壁酰二肽

胞壁酰二肽学名为 N-乙酰胞壁酰-D-丙氨酰-D-异谷氨酰胺,是一种合成的水溶性肽聚糖衍生物。为细菌肽聚糖结构的一部分,常用做免疫佐剂。

2.209　血管活性肠多肽

血管活性肠多肽是在胃肠道发现的一种二十八肽。在体内分布广泛,不仅局限于胃肠道。能舒张血管,增加心脏输出,促进糖原分解,抑制胃液分泌,刺激肠液分泌和脂解作用。

2.210　胆囊收缩素

胆囊收缩素(cholecystokinin-8,CCK-8)是由十二指肠和上段空肠黏膜内的I型细胞分泌的一种肽类激素。具有促进胰液、胆汁和小肠液分泌、促进胆囊平滑肌收缩、促进胰组织蛋白质和 RNA 的合成等多种生理作用。

2.211　胰高血糖素

胰高血糖素是由胰岛朗格汉斯细胞分泌的一种二十九肽。与胰岛素的作用相拮抗,通过刺激糖原分解提高血糖水平。

2.212　胰岛素

胰岛素是胰腺所分泌的蛋白质激素。由 A、B 链组成,共含 51 个氨基酸残基。能增强细胞对葡萄糖的摄取利用,对蛋白质及脂质代谢有促进合成的作用。

2.213　神经降压素

神经降压素是一种十三肽神经递质。在中枢神经系统中分布广,可使中枢神经系统许多区域的神经元兴奋。有血管舒张作用,是胃液分泌和肠蠕动的抑制剂。

2.214　神经肽 P 物质

神经肽 P 物质是一种肽类神经递质,为十一肽。存在于脑和消化道,主要分布在神经组织的突触颗粒中,是一种引起肠道收缩的强促进剂和血管舒张剂。

2.215　促黄体生成激素释放激素

促黄体生成激素释放激素是下丘脑分泌的一种肽类物质。

2.216　促肾上腺皮质激素

促肾上腺皮质激素是由腺垂体分泌的一种

多肽激素,具有刺激肾上腺皮质增生,以及促进肾上腺皮质激素的合成及分泌的作用。

2.217 黑色细胞刺激素

黑色细胞刺激素又称促黑激素、黑色素细胞刺激素,是垂体中叶产生的多肽激素,有 α,β 两种,均为直链多肽 α-MSH 是十三肽,β-MSH(牛)是十八肽,两者相同的七肽序列是 MSH 活性所必需的。

2.218 促甲状腺激素释放激素

促甲状腺激素释放激素是下丘脑合成及分泌的一种多肽类激素。经垂体门脉系统运至腺垂体,促进垂体促甲状腺激素的合成与分泌。其合成及分泌受血液中甲状腺激素的反馈调节。

2.219 催产素

催产素是由垂体后叶分泌的环九肽激素。序列为:CYIQNCPLG—NH$_2$,其中 2 个半胱氨酸形成二硫键能引起子宫平滑肌和环绕乳腺的蜂窝细胞的收缩。其肽链的第 3 位为异亮氨酸残基,第 8 位为亮氨酸残基。

2.220 大豆肽

大豆肽是大豆蛋白质经蛋白酶作用再经分离处理而得到的蛋白质水解产物。

2.221 亮抑蛋白酶肽

亮抑蛋白酶肽是放线菌产生的一类酰化的寡肽,为蛋白酶抑制剂,可在不同程度上抑制胰蛋白酶、纤溶酶、激肽释放酶、木瓜蛋白酶及组织蛋白酶。

2.222 肽核酸

肽核酸是一类以多肽骨架取代糖磷酸主链的 DNA 类似物,是丹麦有机化学家 Ole Buchardt 和生物化学家 Peter Nielsen 于 20 世纪 80 年代开始潜心研究的一种新的核酸序列特异性试剂。它是在第一代、第二代反义试剂的基础上,通过计算机设计构建并最终人工合成的第三代反义试剂,是一种全新的 DNA 类似物,即以中性的肽链酰胺 2-氨基乙基甘氨酸键取代了 DNA 中的戊糖磷酸二酯键骨架,其余的与 DNA 相同,PNA 可以通过沃森-克里克碱基配对的形式识别并结合 DNA 或 RNA 序列,形成稳定的双螺旋结构。

2.223 肽-N-糖苷酶

肽-N-糖苷酶是催化水解 N 寡糖-肽连接键的酶。目前常用的此类酶来源于微生物和杏仁。

2.224 肽酰 tRNA

肽酰 tRNA 是肽酰基通过酯键连接在转移核糖核酸的 3′端 CCA 的腺苷(A)的羟基上形成的化合物。蛋白质生物合成时,肽酰 tRNA 中的肽链逐步延伸。

2.225 肽酰位(P 位)

肽酰位(P 位)是核糖体中肽酰 tRNA 停留的部位。在蛋白质合成过程中,肽酰位上的肽酰 tRNA 的肽链末端羧基与氨酰位上的氨酰 tRNA 的氨基反应,形成新的肽键,增加了一个氨基酸的肽酰 tRNA 再移至肽酰位,如此循环,肽酰位上 tRNA 的肽链逐个延伸,直至蛋白质合成结束。

2.226 肽酰转移酶(转肽酰酶)

肽酰转移酶(转肽酰酶)是蛋白质合成中的一种酶,催化正在延伸中的多肽链与下一个氨基酸之间形成肽键。是核糖体大亚基的组成部分。

2.227 肽转运蛋白体

肽转运蛋白体是能转运肽类蛋白质或蛋白质体系的统称。参与抗原提呈,可分为 ATP 结合盒家族,转运二肽、三肽家族,转运寡肽家族三类。

2.228 连接肽

连接肽又称 C 肽,是胰岛 B 细胞的分泌的一种肽类物质,与胰岛素有一个共同的前体——胰岛素原。一分子胰岛素原经酶切后,裂解成一分子胰岛素和一分子 C 肽,血 C 肽浓度间接反映胰岛素浓度。C 肽不被肝脏酶灭活,半衰期比胰岛素长,故血 C 肽浓度可更好地反映胰岛素的水平。

2.229 三叶因子 2(解痉多肽)

三叶因子 2(解痉多肽)是 1982 年在分离猪胰岛素时发现的小分子肽,属三叶因子家族,分布于远端胃和远段十二指肠腺上皮,主要生理作用是保护胃肠道上皮和促进黏膜愈合。

2.2.3 多肽制备

2.230 肽合成

肽合成主要有两种方法:①细胞内蛋白质合成过程中多肽的形成;②用人工方法将各种氨基酸按照预先设计顺序依次连接成多肽的方法。目前常用的是固相合成法,将氨基酸挂在树脂上合成肽链,可以自动化操作。

2.2.4 多肽分离纯化

2.231 多肽纯化

多肽纯化指从某种天然物质或人工处理产物(如酶水解液)中通过膜分离(超滤、纳滤等)、色谱技术或电泳技术等提取或制备得到单一成分多肽的过程。常用的分离纯化方法包括膜分离(超滤、纳滤等)、色谱或层析技术(离子交换色谱、体积排阻色谱、亲和色谱和反向液相色谱等)、电泳技术等。

2.232 膜分离技术

膜分离技术指一种以滤膜为分离介质,以膜两侧的压力差为推动力,利用不同孔径的膜对混合物料进行分子质量截留筛分的物理分离过程。根据滤膜孔径和可截留物质分子质量大小的不同,膜分离技术可分为超滤、纳滤等不同类型。膜过滤的优点是一般在常温下进行,且过滤过程中不进行化学反应,适合进行物质的大量分离。

同时,膜分离也存在选择性不高,易污染和堵塞等问题。

2.233　离子交换色谱

离子交换色谱指利用离子交换剂上的可交换离子与周围质中被分离的各种离子的亲和力不同,经过交换平衡达到分离目的的一种柱层析法。其具体工作原理为:离子交换剂上带有许多可电离基团,可与不同带电粒子静电结合。由肽的理化性质可知,当溶液pH大于肽的等电点时,肽分子带负电荷。将含肽溶液注入色谱柱,带有正电荷的交换剂(阴离子交换剂)便可结合带有阴离子的多肽,从而将多肽保留在色谱柱上。之后通过洗脱液盐浓度梯度洗脱或pH梯度洗脱,从而改变交换剂与肽的静电作用状态,洗脱吸附在柱子上的多肽。在洗脱过程中,与交换剂结合较弱的肽先被洗脱下来,与交换剂结合较强的肽后被洗脱下来,由于各种肽分子和其他杂质的净电荷不同,与交换剂基质的结合力强弱不同,因此便可通过适宜的洗脱方法来实现肽与杂质和肽与肽的分离。当溶液pH低于肽或蛋白质等电点时同理。

2.234　凝胶过滤层析(体积排阻色谱)

凝胶过滤层析(体积排阻色谱)分离原理是利用具有网状结构的凝胶颗粒作为分子筛,根据被分离物质的分子质量大小来进行分离。分离过程中,小分子能够钻入凝胶颗粒的孔洞中,因而在洗脱过程中所走路程较长。相反,大分子则被排除在凝胶颗粒外部,洗脱时能够较快流出。洗脱过程中,当含有多肽的混合溶液经过一定长度的凝胶过滤层析时,不同多肽分子与杂质则会按分子质量不同而分离。根据洗脱体积与蛋白质或肽分子质量的对数呈反比的规律,该方法也可用于测定蛋白质分子质量。凝胶过

滤层析技术的优势为洗脱条件可根据样品类型和后续的纯化、分析、贮存而定,且不太会影响分离效果,适于分离对pH、金属离子等因素敏感的生物分子。而且它可直接在离子交换色谱后使用,因为缓冲液组分不太会影响凝胶层析的最终分离。另外,凝胶过滤还具有高选择性和高分辨率的优点。凝胶过滤层析的不足之处表现在上样量远不及膜过滤技术,样品收集耗费时间等方面。另外,其分辨率也受粒子大小和均匀度、床高、样品进样体积和洗脱液流速等因素的影响。

2.235　亲和色谱

亲和色谱指利用生物大分子与配体可逆地专一性结合的原理进行的色谱分离技术。这种专一性的可逆结合包括酶与底物、受体与配体、抗体与抗原等的结合。与待分离物结合的配体既有天然的,也有根据待分离物的结构人工合成的。多肽混合液通过连接有配体的基质时,只有能与配体专一性结合的肽分子被保留在基质上,其他肽和杂质因不能与配体结合而直接流出色谱柱。最后选用适当的洗脱液,改变结合条件将目标肽洗脱下来即可。亲和色谱技术具有极高的特异性,理论上可实现一步分离纯化制得所需多肽的目的。但是由于配体的选择或制备需要事先对待分离肽的结构特性等有充分了解,因此限制了它的使用。

2.236　反向高效液相色谱技术

反向高效液相色谱(reversed-phase high performance liquid chromatography,RP-HPLC)是以表面非极性载体为固定相,以比固定相极性强的溶剂为流动相的一种液相色谱分离模式,它是基于样品中不同组分和分离基质疏水基团间疏水作用的强弱不同而分离

的。该项技术的优点主要是使用简便、高分辨性和高敏感性,而且相比凝胶过滤层析和离子交换层析大大缩短了分离所需时间。和其他高效液相色谱一样,该技术也存在诸如色谱柱昂贵,洗脱溶剂为有机试剂,容易污染环境等缺点。

2.237　电泳技术

电泳技术是用来分离和鉴定蛋白质与多肽的方法。常见的电泳技术包括聚丙烯酰胺凝胶电泳(Native-PAGE)、十二烷基硫酸钠-聚丙烯酰胺凝胶电泳(SDS-PAGE)、等电聚焦电泳、蛋白质双向电泳等。这些电泳方法各有特点与适用范围。例如,等电聚焦电泳就是根据样品等电点不同而使它们在pH 梯度中相互分离的一种电泳技术。双向电泳由于进行了两次方向互相垂直的电泳,因而具有极高的分辨率。而在传统电泳技术的基础上,新发展起来的毛细管电泳由于分离速度快、用样量极少等优点广受欢迎。一般来说,电泳技术进样量很少,这限制了其在多肽分离纯化中的应用。

2.238　质谱分析

质谱分析是用于测定蛋白质和多肽的一级结构包括分子质量、氨基酸排列顺序以及肽链中二硫键的位置和数目的方法。现代研究中,经过液相色谱分离后进入串联质谱系统进行检测已成为鉴定多肽序列的标准方法,并开创了蛋白质和多肽结构解析的新纪元。尽管液质串联技术具有准确性高、普适性好的优点,但也比较昂贵和耗费时间。现今发展迅速并较成功地应用于生物大分子质谱分析的主要是一些软电离技术,比如电喷雾离子化技术、连续流快原子轰击技术和基质辅助激光解析离子化技术等。

2.239　超速离心

超速离心指离心力在 $10^5 \times g$ 以上的离心。用于分离或分析鉴定病毒颗粒、细胞器或大分子生物样品等。

2.240　纳滤

纳滤指以孔径为纳米级的滤膜实现的过滤。

2.241　金属亲和层析

金属亲和层析指利用固相化的金属离子介质进行的亲和层析技术。欲分离的物质与金属离子形成共配位复合物而结合,再通过降低 pH、加入竞争物(如咪唑、组氨基酸等)、使用螯合剂(如乙二胺四乙酸)等方法洗脱。常用于蛋白质的纯化分离,如用镍离子螯合柱亲和层析纯化带有 6 个组氨酸短肽的重组蛋白质。

2.242　免疫亲和层析

免疫亲和层析指将抗原(或抗体)固定在层析填料上,利用抗原抗体结合,特异性分离或获得抗体(或抗原)物质的技术。

2.243　灌注层析

灌注层析指利用含有对流孔的介质为固定相的液相色谱法,其分离模式包括各种吸附色谱,如离子交换色谱、疏水性相互作用色谱、亲和色谱和反相色谱等。

2.244　毛细管凝胶电泳

毛细管凝胶电泳指毛细管内填充凝胶介质起分子筛作用,使用毛细管区带电泳缓冲液,依据分子的大小和迁移率的不同进行分离的一种毛细管电泳方法。

2.245　分子排阻色谱

分子排阻色谱指根据分子尺寸和/或形状的差异形成的排阻效应实现分离的色谱法。

2.246　超临界流体萃取

超临界流体萃取是一种新型萃取分离技术。它利用超临界流体，即处于温度高于临界温度、压力高于临界压力的热力学状态的流体作为萃取剂，从液体或固体中萃取出特定成分，以达到分离目的。

2.247　分级盐析

分级盐析指同一溶液中不同相对分子质量的蛋白质，可通过逐步提高盐浓度使其逐一沉淀出来的方法。

2.248　疏水相互作用层析

疏水相互作用层析指根据蛋白质表面疏水性的不同，利用蛋白质和疏水层析介质疏水表面可逆的相互作用来分离蛋白质的方法。

2.249　毛细管气相层析

毛细管气相层析指用毛细管作层析柱的气相层析法，毛细管内壁或载体经过涂层或交联固定液体作固定相，汽化后的试样被载气带入毛细管柱中进行分离。

2.250　双向层析

双向层析指在纸层析、薄层层析或聚酰胺尼龙薄膜等层析时通过两次不同方向的流动相展开，以期获得样品的进一步分离的方法。一般是在第一次层析分离后，变换 90°方向用不同的溶剂系统进行第二次层析。

2.251　双向电泳

双向电泳指一种平板电泳技术，样品各组分先在第一方向分离（对蛋白质常用等电聚焦法），然后在与第一方向呈 90°的第二方向作电泳分离（常用聚丙烯酰胺凝胶电泳法）。是蛋白质组学中的重要研究手段。

2.252　梯度洗脱

梯度洗脱指梯度性地改变洗脱液的组分（成分、离子强度等）或 pH，以期将层析柱上不同的组分洗脱出来的方法。

2.253　梯度凝胶电泳

梯度凝胶电泳指使所制备的电泳凝胶形成从大到小的孔隙梯度，以期样品中各组分在电泳过程中穿过孔径逐渐减小的凝胶，以期得到更好的分离。

2.254　透析

透析指依据浓度梯度的差别将分子质量低的分子或离子通过透析膜从溶液中去除的操作。

2.255　透析袋

透析袋指用半透膜做成能装入待透析液体的袋或管，是简便的透析装置。

2.256　透析液

透析液指在透析过程中通过半透膜的物质。常含有在溶液中容易扩散的物质。

2.2.5 多肽鉴定方法

2.257 肼解法

肼解法是目前测定 C-末端氨基酸的最重要的化学方法。多肽与无水肼加热,C-末端氨基酸即从肽链上解离出来,其余的氨基酸则变成酰肼化物。

2.258 肽扫描技术

肽扫描技术是利用合成肽对蛋白质进行表位作图的方法。即合成某种抗原蛋白许多重叠的短肽,分析它们与相应多克隆抗体的结合状态,以确定在抗原蛋白分子上表位的具体位置。

2.259 肽图

肽图指单一蛋白质或不太复杂的蛋白质混合物经降解(通常利用专一性较强的蛋白酶)得到的产物,通过层析和电泳,以及质谱等手段分离鉴定后,得到的表征蛋白质和混合物特征性的图谱或模式。可作为对蛋白质比较和分析的依据。

2.260 肽文库

肽文库指以不同方法构建的一组不同序列的肽组成的混合物。构建方法可以是组合化学方式的化学合成,也可以利用噬菌体和细菌的展示系统。

更新名词

2.261 多肽组学

多肽组指生物体、细胞或组织中所有的内源性生物活性多肽。生物活性多肽是有机体中涉及各种细胞功能的生物活性物质,包括细胞因子、生长激素和体液中某些蛋白的疾病特异的降解片段等,他们与对有机体的调节,包括激素调节、神经递质调节、细胞生长与增殖调节,以及免疫调节等多个方面。研究多肽的结构和生理功能在生命科学中意义重大。多肽组学就是从结构和功能等多方面对多肽组进行研究的学科。质谱技术用于多肽组学的分析可以实现样品中多肽的定性和定量。

2.262 定向酶解

定向酶解指酶选择性作用于高聚物分子上某些特定的化学键,加水分解成特定产物的过程。

2.263 肽评分

肽评分是对肽数据库中所有肽按照目的功能特性进行打分排序。

2.264 肽改造

肽改造指对天然肽结构通过技术手段进行分子设计和结构改造以获得目标特性增强的改良型肽的过程。

2.265 类表面活性剂肽

类表面活性剂肽指具有高表面活性的肽分子,其在两相界面积累的特性适用于充当表面活性剂。

2.266 肽靶

肽靶指对材料具有特殊亲和性的多肽。这些多肽被认为可以识别材料表面的原子或分子有序三维结构,并被用作材料功能化的分子工具。

2.267 肽基纳米材料

肽基纳米材料是一类以肽或肽衍生物为单元通过非共价键作用(如氢键、静电作用、疏水作用等)自组装形成的新型材料。

2.268 液相肽合成

液相肽合成指在水溶液中开展的多肽合成,合成通常从合成链的 C-末端氨基酸开始。

2.269 固相肽合成

多肽合成是一个反复加上氨基酸的全过程,固相肽合成次序一般从 C-末端(羧基端)向 N-末端(氨基端)生成。

2.270 超分子肽共聚物

超分子肽共聚物指利用肽的自组装特性以一定的分子单体为主体形成的较大组装体。

2.271 肽治疗剂

肽治疗剂指通过化学合成(化学制药)、基因重组(生物制药)或动植物中提取的具有特定治疗作用的多肽,通常具有高特异性和特定病理功效。

2.272 自组装肽

自组装肽是指多肽溶解在水溶液中,可以自发地形成具有规则结构的组装体。触发型多肽自组装是指通过改变外界环境(如 pH、温度、离子浓度、光照、受体–配体敏感等)引导的自组装。

2.273 噬菌体展示技术

噬菌体展示技术指将外源蛋白或多肽的 DNA 序列插入到噬菌体外壳蛋白结构基因的适当位置,使外源基因随外壳蛋白的表达而表达,同时,外源蛋白随噬菌体的重新组装而展示到噬菌体表面的生物技术。

2.274 噬菌体展示肽库

噬菌体展示肽库指以噬菌体外壳蛋白 PⅢ 或 PⅧ基因为载体,插入一段编码外源短肽的基因片段,噬菌体的浸染能力不受到影响,而外源短肽亦可在噬菌体表面 PⅢ 或 PⅧ蛋白 N-末端形成一定的空间构象。1990年,Scott 将随机短肽与丝状噬菌体的表面蛋白 PⅢ 融合,并展示在噬菌体表面,首次建立了噬菌体随机肽库。

2.275 细胞穿膜肽

细胞穿膜肽指一类能携带大分子物质进入细胞的短肽,其穿膜能力不依赖经典的胞吞作用。

2.3　多肽构效关系研究

2.3.1　计算机辅助

2.276　2D-QSAR

二维定量构效关系研究（two-dimensional quantitative structure – activity relationship, 2D-QSAR）方法所使用的参数,包括物化参数、结构参数、拓扑学参数等,大多数来自化合物的二维结构,因此可以把这些定量构效关系研究方法统称为2D-QSAR。

2.277　3D-QSAR

三维构效关系研究（three-dimensional quantitative structure – activity relationship, 3D-QSAR）是以分子(包括受体与配体)的最低能量构象为基础,再次研究之前需要将化合物二维结构转化为三维结构,然后对其构想进行能量优化,得到化合物的最低能量构象。

2.278　比较建模

即同源建模。

2.279　Ramachandran 图

Ramachandran 图指以主链 Φ 和 Ψ 扭转角的值针对无空间位阻的构象所允许的区域作的二维图,用于诊断蛋白质的准确结构。

2.280　Kyte-Dolittle 作图法

Kyte-Dolittle 作图法指一种常用的估测肽链极性的方法,该方法对每种氨基酸残基的极性给予定量评估,然后以蛋白质中氨基酸残基序号为横坐标,残基疏水-亲水特征为纵坐标作图。

2.281　4D-QSAR

四维定量构效关系研究（four-dimensional quantitative structure – activity relationship, 4D-QSAR）即集成采样,表现为化合物分子各个构象、取向等的集合,以消除在进行活性构象的选择时带来的误差。

2.282　理性药物设计

理性药物设计指根据药物发现过程中基础研究所揭示的药物作用靶点(受体),参考其内源性配体或天然药物的化学结构特征,根据配体理化性质寻找和设计合理的药物分子,以便有效发现作用于靶点且具有药理活性的先导物,或根据靶点的三维结构直接设计活性配体。

2.283　5D-QSAR

诱导契合主要包括六种类型:线型适应,对立体场的适应,对静电场的适应,对氢键场的适应,对立体场方向的能量最低适应,对分子亲脂势能的适应。在分别生成构象集合与诱导契合集合后,换算成相应的变元,再进行计算分析得到的模型,称为五维定量构效关系研究（five-dimensional quantitative structure-activity relationship，5D-QSAR）。

2.284 分子力场

分子力场指根据经典的物理模型如谐振子模型等，结合一些光谱实验数据，发展一种适合计算蛋白质构象的参数和相应的势能函数形式。包括 CharMm 力场、Discover 力场、Amber 力场、Sybyl 力场等。

2.285 平均势函数

平均势函数是一种对现有蛋白质的各种性质进行统计得出各种性质的分布，然后根据能力按 Boltzman 分布的原理，反推出一个所谓的能量函数，即平均势函数。

2.286 位能函数

分子动力学模拟把分子体系看作是质点在势能面中的运动，这种势能面的表示方法称为力场，而这组与坐标相关的函数称为位能函数。

2.287 分子动力学

分子动力学指一套分子模拟方法，主要依靠牛顿力学来模拟分子体系的运动。在由分子体系的不同状态构成的系统中抽取样本，从而计算体系的构型积分，并以构型积分的结果为基础进一步计算体系的热力学量和其他宏观性质。

2.288 分子动力学模拟

分子动力学模拟指基于牛顿力学原理模拟原子和分子的物理运动轨迹和状态。对于较复杂的生物分子体系，通常通过对相互作用粒子的牛顿运动方程进行数值解析来确定体系内粒子的轨迹，而粒子间学、药物设计、计算生物学和研究从小分子化学体系到生物力场来确定。

2.289 分子对接

分子对接是分子模拟的重要方法之一，模拟受体和配体分子之间的识别过程。目前，主要由构象采集和打分评价两个阶段组成。采集中如何考虑分子的柔性是一大难点。打分评价主要根据分子间的几何互补和能量互补。广泛应用于蛋白质-蛋白质、蛋白质-DNA、蛋白质-RNA、蛋白质药物等相互作用研究。

2.290 拉伸分子动力学模拟

拉伸分子动力学模拟指在分子动力学模拟中，考察外力作用下目标分子去折叠或分子复合物解离过程中的构象动态变化。

2.291 分子构象

分子构象指分子内由于共价单键的旋转所表现出的原子或基团的特定空间排列。

2.292 分子力谱

分子力谱指一种测量分子或化学键力学性质的技术，即在控制的拉伸或扭转力下观测特定分子的力学性质与表现。常用技术手段有光镊、磁镊及原子力显微镜的悬臂等。

2.293 分子模型

分子模型指利用理论方法和模拟计算技术，研究化学分子的几何和物化性质的方法。常用于计算化学、药物设计、计算生物学和研究从小分子化学体系到生物大分子体系的材料科学。

2.294　分子生物力学

分子生物力学指研究生物大分子的力学行为及其相互作用与耦合规律的学科。包括单分子力学性质(如 DNA 构象、蛋白质折叠)、分子间特异性相互作用(如受体－配体、抗原－抗体)、蛋白质组装动力学与蛋白质机器、力学－化学耦合、力学－电学耦合等。

2.295　分子识别

分子识别指 2 种或多种分子间通过非共价结合(氢键、金属配位、疏水力、范德华力、原子 π-π 作用、静电或电磁效应)发生特异结合的相互作用。如受体－配体、抗原－抗体、DNA－蛋白质、糖类－凝集素、核糖体 RNA－核糖体蛋白质等的相互识别。

2.296　分子置换

分子置换指利用基于帕特森函数的旋转函数和平移函数确定搜索模型在未知晶体中的取向和位置的方法。根据一级序列决定三级结构的理论,如果 2 个蛋白质的序列比较相似(相似度高于 30%,则认为 2 个蛋白质的三维结构也应该是相似的。如果需要解决相位问题的蛋白质晶体拥有一个序列相似性较高的同源蛋白的已知结构,就可以利用已知结构来作为搜索模型计算未知晶体结构的初始相位。

2.297　拓扑或折叠

拓扑或折叠指根据整体形状和二级结构的连通性,各种结构类型可在此水平上被划分为不同的折叠家族。

2.298　半柔性对接

半柔性对接指对接过程中,研究体系(尤其指配体的构象)允许在一定的范围内变化,但大分子是刚性的,构象不变化。适合处理大分子和小分子间的对接,因为受体大分子构象的变化相对底物分子而言变化不大。

2.299　刚性对接

刚性对接指在对接过程中,研究体系(主体与客体)的构象不发生变化。适合考察结构比较大的体系,如蛋白质和蛋白质间以及蛋白质和核酸等大分子间的对接。

2.300　柔性对接

柔性对接指对接过程中,底物和受体的构象是允许发生变化的,一般用于精确考虑分子间的识别情况。分子的柔性主要来自可旋转键的旋转。

2.301　氨基酸描述子

氨基酸描述子指氨基酸的拓扑性质、物理化学性质、三维结构或其他性质的定量值,用于定量描述氨基酸的结构和性质。多肽 QSAR 研究的主要方法是使用氨基酸描述子来表征多肽。

2.302　侧链构象库

侧链构象库指所有氨基酸类型的代表性侧链构象的集合。

2.303　侧链归属

侧链归属指蛋白质核磁共振数据分析过程之一。通过一系列二维或三维实验对蛋白质的侧链中的质子及碳的信号进行归属的过程。

和分子的异化。

2.304　侧链旋转异构体

侧链旋转异构体指蛋白质中的残基侧链通过旋转其中的单键所能形成的不同三维结构状态,尤指每种氨基酸在蛋白质中最常见的几种侧链构象状态。

2.305　成核模型

成核模型指通过理论计算模拟和演示物质聚集成核的过程和形状。

2.306　成核缩合模型

成核缩合模型指框架模型和疏水塌陷模型的结合。该模型认为蛋白质折叠过程中,由疏水力驱动的三级结构形成同时伴随着弱二级结构的形成。

2.307　打分函数

打分函数指用于评价理论获得的受体–配体结合模式合理性的函数。目的在于挑选出天然状态下的复合物结构。该函数可用于分子对接及虚拟筛选的受体–配体间结合亲和性的评价。可分为基于物理的打分函数、基于知识的打分函数和基于经验的打分函数。

2.308　单分子探测

单分子探测指一类在体外对单个分子(特别是蛋白质等生物大分子)进行探测、分析和操作的技术,如荧光显微镜、光镊和原子力显微镜。能以很长的时间和很高的空间分辨率实时跟踪观察单个分子的运动、构象重组和化学反应,探测稀少或短寿命中间产物

2.309　蛋白质穿线建模法

蛋白质穿线建模法指一种蛋白质三级结构预测方法,基于折叠子模板,通过将未知结构蛋白质的氨基酸序列与结构数据库中的结构进行比对打分,来构建蛋白质结构模型。

2.310　蛋白质结构分类数据库

蛋白质结构分类数据库指对蛋白质结构进行分类的数据库。目前主要有 SCOP、CATH 和 DALI 等。其实现原理通常是基于蛋白质的序列、结构和功能保守性,利用算法进行多层次分类并加以人工校正。

2.311　蛋白质结构预测

蛋白质结构预测指基于蛋白质氨基酸序列预测其三维结构,包括同源蛋白模建、从头结构预测和穿珠法预测。

2.312　二级结构预测

二级结构预测指根据残基序列对蛋白质和 RNA 中可能具有的二级结构的预判和估测。对蛋白质二级结构预测的常用方法有 Chou-Fasman 法、Lim 法、GOR 法和神经网络法等。

2.313　基于表位的疫苗设计

基于表位的疫苗设计指一种制备疫苗的新型策略,原理为基于已知核苷酸或氨基酸序列,利用计算机软件辅助分析,或利用噬菌体展示技术,确定和筛选可能的优势表位,然后人工合成或借助基因工程技术制备含优势表位的多肽疫苗。

2.314 基于结构的序列比对

基于结构的序列比对指以结构相似程度而非氨基酸序列同源性作为主要依据的序列比对。虽然用于比对的仍是一级序列，但是主要的比对依据并不是一级序列的相似性，而是三级结构的相似性。该方法也可用于其中一个序列的三级结构已知的比对，可以得到未知结构的序列的潜在结构信息。

2.315 基于结构的药物设计

基于结构的药物设计指从配体和受体的三维结构出发，以分子识别为基础，借助相关计算机软件，根据构效关系直接设计药物（根据受体的三维结构）和间接设计药物（参考配体理化性质和药效基团模型）。能直观地进行合理药物设计，引导先导物发现并走向理性化。包括基于配体的药物设计和基于受体的药物设计。

2.316 基于配体的药物设计

基于配体的药物设计又称间接药物设计，指基于系列配体分子的药效三维结构、理化性质、药效基团模型及其构效关系等信息，进行合理药物设计。

2.317 基于受体的药物设计

基于受体的药物设计又称直接药物设计，指基于受体分子的结构和性质，寻找、设计可与该受体特异结合并调节其功能的配体分子的药物设计方法。包括基于受体结构的分子对接、活性位点分析、从头药物设计（生长或连接算法）等具体方法。

2.318 基于碎片的药物设计

基于碎片的药物设计指根据受体结合区域的分子表面性质，如空间性、电性、疏水性及氢键等，搜索碎片库，让计算机自动构建出与受体结合区域性质互补的虚拟分子片段，然后对产生的系列虚拟分子片段按与受体相互作用能和结构匹配情况来生长虚拟分子。得到的虚拟分子可直接当作配体作为数据库搜索的模板，或配合组合化学方法以减少需要合成化合物的数目。

2.319 配体设计

配体设计指以理性的策略和方法，构建与受体的结构和功能相匹配的化合物实体。

2.320 评级函数

评级函数是通过模拟较短序列（相对而言）的匹配特性，并考虑长度比例获得的，它是以预期的或大于观察到的对每个比对的数字结果来表示的。

2.3.2 算法与模拟

2.321 多元回归分析法

多元回归分析法指通过统计学方法寻找因变量（生物活性）与自变量（物化参数、结构参数、拓扑学参数、指示变量等）之间的相关关系的一种分析方法。

2.322　聚类分析法

聚类分析法指将一组化合物按照其理化参数或结构参数多维空间的距离分成若干组分的一种算法。

2.323　模式识别法

模式识别法指根据化合物的理化性质、结构参数等,把具有不同生物活性的多种化合物分组的一种算法。

2.324　判别分析法

判别分析法指用于半定量的(强,中,弱,无效)或定性的(有效、无效)生物活性数据进行构效关系分析的方法。

2.325　偏最小二乘法

偏最小二乘法(partial least square,PLS)指一种类似于主成分分析的方法,可以从大量的自变量中提取出一定数量的潜变量,潜变量的数目要大大少于原来的自变量数目,自变量的数目远远超过因变量数目时使用。

2.326　比较分子场分析

比较分子场分析指对一系列具有相同作用机制的化合物分子进行三维定量构效关系研究的方法。由于药物分子与受体的相互作用大多是非键相互作用,所以可用能量场来描述这些非键相互作用。将以相同方式作用于受体相同位点的药物分子进行三维药效构象叠合,分析所叠合药物分子周围能量场的分布情况,把这些能量场与配体分子的生物活性进行定量分析,用三维等值线图显示计算结果,用不同的颜色直观表明化合物各部位立体或静电性质的变化对活性的影响,可用于指导化合物的设计及预测新化合物的活性。

2.327　启发式方法

启发式方法(heuristic method,HM)指 CODESSA 软件中的一种变量筛选方法,可以对所有的描述符空间做完全优化搜索进而确定最优描述符组合以建立线性回归模型。

2.328　人工神经网络

人工神经网络指一种模拟人脑功能的信息处理系统,它以数学网络拓扑结构为理论基础,通过网络的变换和动力学行为进行并行分布式的信息处理。

2.329　遗传算法

遗传算法(genetic algorithrn,GA)指变量最优子集回归能快速、有效地求得分别含 1,2,LM 的 M 个变量的最优回归方程。

2.330　逐步回归法

逐步回归法是在多元回归模型中选择变量的一种常用方法,包括前向逐步回归和后向逐步回归两类。

2.331　构象搜索算法

构象搜索算法指通过考虑分子的平动自由度,转动自由度和二面角的自由度来探究配体在结合位点的结合模式的方法。

2.332　确定性搜索算法

确定性搜索算法指基于求解牛顿运动方程来获得配体在结合位点的构象和位置的方法。

2.333 随机搜索算法

随机搜索算法指通过随机搜索的方法得到配体在结合位点的构象和位置的方法。

2.334 系统搜索算法

系统搜索算法指探究配体在结合位点所有可能的自由度来获得配体在结合位点的构象和位置的方法。

2.335 DEFINE 算法

DEFINE 算法指依据理想二级结构的线性距离矩阵中 C_α 之间距离的坐标匹配来确定待求蛋白质的二级结构的方法。

2.336 P-Cruve 方法

P-Cruve 方法指运用微分几何学对蛋白质主链曲率进行数学结构分析的方法。

2.337 STRIDE 算法

STRIDE 算法指根据氢键键能和主链扭曲角度进行蛋白质结构自动比对的方法。

2.338 贝叶斯网络

贝叶斯网络由一系列相关变量的独立条件声明编码的网络结构和一系列独立变量的局部概率分布组成,整合这两系列产生了相关变量的联合概率分布。

2.339 决策树

决策树又称分类树和回归树,指利用近似离散值函数分类和评估方法的一种感应学习系统,具有结构简单、操作方便的特点,是一种得到广泛应用的机器学习方法。

2.340 支持向量机

支持向量机是一种利用高维特征空间线性函数的假设空间的学习系统。

2.341 遗传算法

遗传算法是描述维持问题候选答案的数据结构群落,利用控制变量来改善学习系统性能的竞争来进行进化,数据群落通过再结合和突变过程来适应新的环境的方法。

2.342 隐马尔可夫模型

隐马尔可夫模型指用于一组有序变量的联合统计模型,简称 HMM。马尔可夫链中变量的结果是随机扰动的(所以最初的变量是"隐蔽"的),这条链中的离散变量用于选择 HMM 每步的状态。这些扰动值(可以是连续的)即 HMM 的"输出"。隐马尔可夫链是一个混合模型,它是由马尔可夫模型演变而来的、用于描述随机过程统计特征的概率模型,状态间的转移概率分布就是马尔可夫链。HMM 模型对于生物信息学研究很有价值,因为它能利用未比对的输入序列来进行查询或比对方法训练。而且,由于 HMM 支持依赖于位置的计分参数(如空位罚分参数),所以它对序列家族的进化分析结果建模也更为准确。

2.343 多重识别单受体模型

多重识别单受体模型又称三位模型,指一种阐述 TCR 特异性识别的理论,要点为:TCR 识别 APC 提呈的多肽 - MHC 分子复合物(pMHC),其中 P 决定识别的特异性,R 维持复合物三维结构及其稳定,三者(TCR、P、MHC)相互作用启动 T 细胞特异性识别信号。

2.344 模拟退火修正

模拟退火修正指分子动力学模拟中,赋予分子中的原子较高的平均热运动能量,使整个分子结构变得较为松散,然后让系统逐步降温,能量慢慢降低,整个系统达到一个新的能量最低状态。在晶体学结构修正中,该方法可以较好地克服局部能量壁垒,使结构模型修正的收敛半径增大,更有效地调整分子局部的不合理构象。

2.345 疏水塌陷模型

疏水塌陷模型指蛋白质折叠早期,疏水性氨基酸残基的侧链由疏水排斥力驱动形成蛋白质内核,从而将极性或带电氨基酸残基暴露在表面的模型。

2.3.3 多肽结构

2.346 阿片肽

阿片肽又称安神麻痹肽,是一类具有阿片活性的小分子生物活性肽,并有激素和神经递质的功能,对中枢神经系统及外周器官均起作用。目前广泛认为阿片肽是全面参与神经系统、内分泌系统及免疫系统的重要因素,因而被称为神经免疫肽。

2.347 氮化应激

在细胞环境中,一氧化氮与氧气反应生成硝酸根离子,当机体内活性氮的产生超过机体中和并消除他们的能力时,活性氧过量产生,这种状况称为氮化应激,又称亚硝化应激。

2.348 抗菌肽的两亲性结构

抗菌肽的两亲性结构指有一个疏水区域与脂质结合,一个带正电荷的亲水性区域与水或者带负电荷的残基结合。这使得抗菌肽能够很好地与由两性分子构成的、特别是呈电负性的细胞膜结合,这是抗菌肽与细菌细胞膜发生相互作用的结构基础。

2.349 抗血栓肽

抗血栓肽指来源于一些食物蛋白的具有抗血小板聚集和抗凝血作用从而抑制血栓形成的活性肽。

2.350 酪蛋白磷酸肽

酪蛋白磷酸肽(casein phosphopeptides,CPPs)指以牛奶酪蛋白为原料,经单一酶或复合酶水解,再经分离、纯化得到的一种含有成簇磷酸丝氨酸残基的天然生物活性肽。

2.351 歧化反应

歧化反应指反应中的某种底物技能作为原子供应电子,又可作为氧化剂接受电子。

2.352 自由基

任何包含一个未成对电子的原子、原子团、分子或离子均称为自由基。

2.353 α-螺旋束

α-螺旋束指由若干个轴向接近平行的α-螺

旋彼此拧在一起形成的像麻花一样的超螺旋,属于超二级结构,又称卷曲螺旋。各 α-螺旋彼此之间通常靠疏水相互作用结合在一起,大多会形成左手型超螺旋。

2.354 β-螺旋

β-螺旋是一种蛋白质肽链折叠模式,每圈由 22 个氨基酸残基组成,螺距为 0.48nm,外部直径为 2.7nm,中间孔的直径为 2.2nm。在蛋白质中多数是右手螺旋。属于该类结构蛋白质家族的有果胶裂合酶等。

2.355 表位

表位指一种抗原分子中决定抗原特异性的特殊化学基团,可被相应抗体或抗原受体识别,又称抗原决定簇。多数蛋白质抗原具有多个表位。

2.356 侧链构象

侧链构象指侧链的旋转异构状态(rotamer,常用二面角表示)。根据每种氨基酸在蛋白质结构中倾向性分布获得代表性构象。

2.357 键的断裂

肽键长超过 0.25nm 称为键的断裂,标记为"!",作为一个断裂残基。键的断裂反映了化学键的缺失、衍射图的密度丢失或坐标错误。

2.358 桥

桥指不相邻残基之间的氢键。

2.359 曲度

曲度指以 5 个残基中位于中心的残基 i 为基点,前 3 个残基的主链方向和后 3 个残基的主链方向夹角的大小。

2.360 梯子

梯子指 1 个或多个连续相同类型的桥结构。

2.361 折叠

折叠指 1 个或多个由共同残基联结的梯子构成的结构。

2.362 β 桶

β 桶指 β-折叠中的最后一条链与第一条链形成氢键,从而形成一个闭合的圆柱状结构。

2.363 Φ 扭转角

N—C$_\alpha$ 键与相邻的肽键形成的夹角。

2.364 Ψ 扭转角

C—C$_\alpha$ 键与相邻的肽键形成的夹角。

2.365 残基

残基是多聚物的基本组成单位,是连接多聚物组分的键被打断时释放出的片段。在蛋白质中,残基是指氨基酸。

2.366 功能基序

功能基序指与特定生物化学功能相关的顺序或结构基序。

2.367 基序

基序指特征的顺序或结构。

2.368 结构基序

结构基序可能由 1 个完整的域或蛋白质构成,但通常由二级结构元件的小的局部排列组成,这些元件随后融合形成域。

2.369 扭转角

扭转角指 1 个可旋转的化学键两侧的基团间所成的角度。

2.370 偶极矩

偶极矩指 2 个分开的完整电荷或部分电荷之间的磁矢量。具有偶极矩的分子或功能基团是极性的。

2.371 顺序基序

顺序基序是在不同的蛋白质中发现的可识别的氨基酸序列,通常反映生物化学功能。

2.372 酰胺键

酰胺键是羧基与氨基基团缩合释放一分子水后形成的化学键。

2.373 二级结构模体

二级结构模体指蛋白质中具有特定空间构象和特定功能的结构成分。蛋白质中的模体也可仅由几个氨基酸残基组成,例如纤连蛋白中能与其受体结合的肽段,可以是 RGD 三肽。

2.374 配体印迹法

配体印迹法是一种检测配体与受体相互作用的技术。受体或配体经电泳或层析等方法分离后,转移到适宜的薄膜上,再与相应的配体或受体结合。

2.375 气相蛋白质测序仪

气相蛋白质测序仪是一种用气相层析检测氨基酸衍生物,进而测定蛋白质或多肽序列的仪器。

2.376 疏水氨基酸残基

疏水氨基酸残基又称非极性氨基酸残基,侧链不含亲水基团,可以通过疏水相互作用与其他疏水氨基酸残基在水介质中紧密结合,是球状蛋白内核的主要残基种类。

2.377 二级氢键

二级氢键指核酸或蛋白质二级结构中的氢键,主要存在于一些氢原子和带有负电性的氧、氮等原子间。

2.378 配体受体相互作用

配体受体相互作用指配体(如激动剂、抑制剂、拮抗剂)选择性地与特定膜蛋白结合并将其信号传递至细胞内的过程。

2.379 配体效率

配体效率指配体(苗头化合物、先导物、优化物等)中每个原子对受体-配体结合自由能的贡献,是先导物的选择和优化过程中使用的参数。

2.380 亲和力

亲和力指 2 个分子在单一部位的结合力,包括抗体单价 Fab 片段与单价抗原的结合,可用两者反应的平衡常数 K 定量表示。

2.381　亲水氨基酸残基

亲水氨基酸残基又称极性氨基酸残基,其侧链含有亲水基团,可与其他残基或水分子形成氢键或盐桥,从而稳定蛋白质构象或形成蛋白质表面的水化层。

2.382　亲水基

亲水基指分子中易与水形成氢键的极性化学基团,如羟基、氨基、肽键、酯键等。

2.383　亲水性

亲水性指极性分子或分子的一部分在能量上适于与水相互作用,具有易于吸收水或溶于水的特性。

2.384　融合肽

融合肽指融合蛋白中能插入到待融合膜的脂质双分子层中的一段疏水性肽。在融合蛋白发生构象变化时,该段疏水性肽呈卷曲螺旋结构暴露在外,有使两膜接近和锚定的桥梁作用。

2.385　识别和结合

识别和结合指分子之间通过特异性的位点相互识别或通过调整自身构象特异性结合在一起的过程。

2.386　寿司结构域

寿司结构域(sushi domain)又称补体控制蛋白模块、短的共有重复片段,是一些膜蛋白中的一种胞外结构域,由 60~70 个氨基酸残基组成,含有 2 对不变的二硫键和一些高度保守的色氨酸,另一些甘氨酸、脯氨酸和疏水的氨基酸残基也较保守,其立体结构是由 6 股 β-折叠链形成的紧密的疏水核。其功能是参与许多识别过程,如补体因子间的结合。

2.387　两亲螺旋

两亲螺旋指在 α-螺旋中,亲水性和疏水性氨基酸残基有规律地排列,形成一个所谓的螺旋轮,致使亲水性侧链集中于对称轴的一侧,而疏水性侧链在另一侧,从而使螺旋两侧分别可以与亲水和亲脂环境相互作用。

2.388　两亲性

两亲性指一些分子兼有亲水和亲脂的两重特性。一些小分子通过其两亲性可以存在于油相和水相的界面上,进而稳定这两相间的界面。一些蛋白质和肽中含有的两亲螺旋具有该特性。

2.389　两亲性分子

两亲性分子指一端亲脂而另一端亲水的分子。

2.390　两性电解质

两性电解质指同时带有可解离为负电荷和正电荷的基团,既可与碱反应又可与酸反应的电解质,如氨基酸。或用于蛋白质等电聚焦和层析聚焦的试剂,如两性电解质 Ampholine。

2.391　螺旋

螺旋指一种有规则盘绕前进的曲线或结构。重要的线性大分子,如核酸、蛋白质和多糖,均折叠成不同形式的螺旋结构。例如,DNA形成的双螺旋;蛋白质二级结构中的一种α-螺旋,某些蛋白质形成的β-螺旋,胶原蛋白构成的三股螺旋等;淀粉类多糖也可形成螺旋。

2.392 缔合

缔合指 2 个或 2 个以上相同或不相同的分子和(或)亚基之间通过可逆的非共价键相互作用而形成复杂体系的过程。其经常是热力学上的自发过程,期间少有共价键的改变。导致缔合的因素除氢键外,还有静电作用和疏水相互作用。

2.393 铰链角

铰链角指通过柔性较强的区域连接在一起的 2 个结构域之间的夹角,其大小取决于参考点的选取,其变化量常作为结构域之间构象变化的度量。

2.394 结合模体

结合模体指生物大分子,如 DNA、RNA 或蛋白质中参与特定结合功能的局部序列或结构模式。

2.395 结合亲和力

结合亲和力指受体(蛋白质、核酸等)和配体(小分子、小肽等)相互作用力的大小,可用结合自由能表示。

2.396 疏水键

疏水键指非极性分子或基团间的相互引力。对稳定蛋白质分子构象和生物膜磷脂双分子层结构具有重要作用。

2.397 疏水内核

疏水内核指球蛋白内部的氨基酸残基依靠疏水相互作用紧密结合在一起,形成的稳固的蛋白质核心区域。

2.398 疏水性

疏水性指非极性分子对水的排斥,非极性集团或分子在水溶液中彼此聚集的特性。

2.3.4 多肽修饰

2.399 N-乙酰化

N-乙酰化指乙酰辅酶 A 的乙酰基团共价连接到一个多肽氨基端的氮原子上,或者连接到赖氨酸侧链的氮原子上。反应由 N-乙酰转移酶催化。

2.400 糖基化

糖基化指翻译后糖分子共价连接到蛋白质的天冬氨酸、丝氨酸或苏氨酸残基上。糖基化可以在任何特定位点加上单个糖或糖链,通常由酶催化。

2.401 翻译后修饰

翻译后修饰指蛋白质在核糖体合成后的修饰,如碳水化合物或脂肪酸链的添加,可能对蛋白质的功能产生关键性的影响。

2.402　去糖基化

去糖基化指从糖蛋白和糖脂等糖复合体中除去糖链的过程。

2.403　甲基化

甲基化指活性甲基化合物(如 S-腺苷基甲硫氨酸)上的甲基转移到其他化合物的过程。是调控蛋白质、核酸等化合物生物功能的重要步骤。

2.404　巯基修饰

巯基修饰指发生在蛋白质半胱氨酸自由巯基(—SH)上的修饰。包括巯基亚硝基化修饰、亚磺酸修饰、次磺酸化修饰、磺酸化修饰、谷胱甘肽化修饰、酰化修饰等。

2.405　巯基亚硝基化

巯基亚硝基化指蛋白质半胱氨酸自由巯基形成亚硝基化巯基(—SNO)的过程。

2.406　去磷酸化

去磷酸化指从磷酸化修饰的化合物中去除磷酸基团的反应。

2.407　去亚硝基化

去亚硝基化指蛋白质亚硝基化巯基(—SNO)还原为自由巯基(—SH)的过程,对巯基亚硝基化修饰进行逆向调控。

2.408　N-糖基化

N-糖基化又称 N-连接糖基化,是蛋白质新生肽链翻译后加工的一种,为一种糖链的转移反应。在酶催化下,由 14 个单糖基组成的 N-聚糖作为整体,由磷酸多萜醇载体转移到肽链中特定位点的天冬酰胺残基侧链氮原子上。此后经过一系列加工过程,切除 3 个葡萄糖基,形成高甘露糖链。还可进一步加工成为复杂型和杂合型 N-糖链。

2.409　脱甲基作用

脱甲基作用指从一些含甲基化合物中脱去甲基的反应。为甲基化的逆反应,与甲基化一起构成一种调控机制。

2.410　蛋白质光修饰

蛋白质光修饰指被光敏剂吸收后所形成的活性氧对蛋白质的氧化修饰作用。

2.411　豆蔻酰化

豆蔻酰化指以十四碳链的豆蔻酸作为酰化基团修饰蛋白质中氨基的过程。最常见的是 N-末端的氨基酸残基,尤其是甘氨酸。经豆蔻酰化的蛋白质可以插入细胞质膜内侧的脂双层中定位。

2.412　法尼基化

法尼基化指一些蛋白质中的氨基酸残基,特别是半胱氨酸残基的侧链巯基被法尼基焦磷酸修饰的过程。可改变蛋白质的功能,利于蛋白质在质膜内侧的定位。

2.413　翻译中修饰

翻译中修饰指蛋白质在翻译过程已经启动但未离开核糖体前所发生的修饰,主要是改变蛋白质中共价结合的一个或多个氨基酸。

2.414 泛素化

泛素化指泛素分子在一系列特殊酶的作用下,将细胞内的蛋白质分类,从中选出靶蛋白分子,并对靶蛋白进行特异性修饰的过程。是一种严格受控的过程,并非泛素和特定蛋白质的直接连接,而是一般由 E1、E2 和 E3 三个酶程序催化完成。

2.415 ADP 核糖基化

ADP 核糖基化指一种蛋白质内氨基酸残基被 ADP 核糖基修饰的反应。在一些酶(典型的是霍乱毒素的 A 亚基和白喉毒素的 A 片段)作用下,将作为供体的 NAD 中 ADP 核糖基转移到某些蛋白质中的某些活性氨基酸残基的侧链上,进而改变蛋白质的活性。ADP 核糖基化除了使一些蛋白质失活外,还参与 DNA 损伤的修复和端粒的维持。不仅有单个 ADP 核糖基修饰,还有多聚的 ADP 核糖基修饰。

2.416 羧化

羧化指在一些分子或化合物中引入羧基的反应。例如,某些血浆中参与血液凝固的蛋白质的个别谷氨酸残基侧链可以引入 γ-羧基,借以提高与钙离子的结合能力。

2.417 γ-羧化

γ-羧化指一种羧化过程。特指某些蛋白质(如凝血系统中的一些成员)中特定位点的谷氨酸残基侧链的 C_γ 被羧化产生另一个羧基,形成 γ-羧基谷氨酸的修饰过程。

2.418 放射表观遗传效应

放射表观遗传效应指辐射作用于生物体,通过表观遗传修饰方式引起的辐射生物效应。可发生在 DNA 上,如甲基化;也可发生在蛋白质上,如组蛋白的甲基化、乙酰化、磷酸化等。广义上包括辐射旁效应和基因组不稳定性。

2.419 表观遗传调控

表观遗传调控指通过表观遗传修饰方式(如甲基化、乙酰化、磷酸化等)对细胞内核酸或蛋白质的含量与功能进行调节的过程。

2.420 磷酸化级联

磷酸化级联指由蛋白激酶和蛋白磷酸酶调控的一连串磷酸化和去磷酸化作用,是细胞质内的一种重要信号转导途径。

2.421 棕榈酰化

棕榈酰化指在棕榈酰基转移酶作用下,棕榈酰基($C_{16:0}$)通过硫酯键与蛋白质 C-末端半胱氨酸的巯基共价键结合的翻译后修饰。修饰位点通常在蛋白质 C-末端的一个或几个半胱氨酸残基上。这种修饰具有可逆性,为在体外研究这种修饰对功能(如促进蛋白质与膜结合)的影响提供了可行性。

2.422 异戊二烯化

异戊二烯化又称萜化,指在法尼基转移酶或拢牛儿基转移酶Ⅰ和拢牛儿基转移酶Ⅱ作用下,通过硫酯键与蛋白质 C-末端或其附近的半胱氨酸和法尼基共价键结合的翻译后修饰。Rab 家族的小 G 蛋白的异戊二烯化修饰参与其信号转导过程的调节。

2.423 脂化修饰

脂化修饰指蛋白质(含膜蛋白)的 N-末端或

C-末端的某些氨基酸残基(如甘氨酸或半胱氨酸残基)通过酰胺键或硫酯键与脂肪酸共价连接的化学修饰。参与膜结合、膜融合、蛋白质表达以及生长发育的调节等。已知,有豆蔻酰化、棕榈酰化和异戊二烯化修饰等方式。

2.424　组蛋白修饰

组蛋白修饰指发生在组蛋白上的翻译后修饰。可影响组蛋白与 DNA 和核蛋白的结合,从而参与组蛋白结合的 DNA 区域的表达调控。主要包括甲基化、乙酰化、磷酸化、泛素化和 ADP-核糖基化等修饰类型。

2.425　亚硝基化

亚硝基化指在反应底物分子中引入亚硝基(—NO)的反应。在生物体内是一氧化氮与某些金属离子形成配合物的过程,即金属亚硝酰化。是一氧化氮行使生物学功能的一种方式。

2.426　硝化

硝化指在反应底物分子中引入硝基(—NO$_3$)的反应。比如蛋白质酪氨酸侧链的硝化等。

2.427　氧化修饰

氧化修饰指通过氧化作用对蛋白质、核酸等大分子进行有限改变,使被修饰的分子产生性质和生理学作用的改变的过程。

2.428　磺酸化

磺酸化指蛋白质半胱氨酸的自由巯基(—SH)被氧化形成磺酸(—SO$_3$H)的过程。出现在

活性半胱氨酸的高级氧化过程中,在哺乳动物中为可逆过程。

2.429　亚磺酸化

亚磺酸化指蛋白质半胱氨酸自由巯基(—SH)被氧化形成亚磺酸(—SO$_2$H)的过程。在硫还原蛋白作用下可以还原为自由巯基。

2.430　次磺酸化

次磺酸化指蛋白质半胱氨酸的自由巯基(—SH)被氧化形成次磺酸(—SOH)的过程。出现在一些酶类的中间反应过程中,可以进一步氧化为更高级产物(如亚磺酸、磺酸),也可以被可逆还原为自由巯基。

2.431　巯基亚硝基化

巯基亚硝基化又称 S-亚硝(酰)化,指蛋白质半胱氨酸的自由巯基(—SH)与一氧化氮反应生成亚硝基化巯基(—SNO)的氧化还原反应。是一氧化氮行使生物功能的一种重要途径,这种方式不依赖于环鸟苷酸(cGMP),主要依赖于一氧化氮的产生与代谢过程。

2.432　蛋白质光损伤

蛋白质光损伤指蛋白质被光动力作用修饰后功能发生降低的现象。

2.433　组蛋白甲基化

组蛋白甲基化指组蛋白上的特定氨基酸残基添加 1 个、2 个或 3 个甲基基团的化学修饰现象。发生在赖氨酸、精氨酸等氨基酸上,参与基因的表达调控。

2.3.5　分析仪器与方法

2.434　表面等离激元共振

表面等离激元共振指当入射光的频率与固体或液体表面电子振荡的自然频率相同时,由入射光在固体或液体表面激励的电子的集体振荡。在荧光、拉曼散射和二次谐波测量等光谱测量中,常用于增强光谱测量的表面敏感性,可用于探测多聚物、DNA 和蛋白质的分子吸附。

2.435　结构比对

结构比对又称结构比较,是核酸或蛋白质结构比较的一种分析方法。根据分子的形状和三维构象,将结构之间的最大相同部分匹配出来,由此进行相似性或同源性研究。

2.436　霍普-伍兹分析

霍普-伍兹分析指以霍普和伍兹制定的一套蛋白质中 20 种氨基酸的亲水/疏水参数为依据,制作蛋白质的疏/亲水性分布图,进而对蛋白质的结构特性进行分析的方法。

2.437　表面等离激元共振传感器

表面等离激元共振传感器指基于表面等离激元共振原理构建的传感器,用于检测各种物质的特性、结构及相互作用等。可用于抗原-抗体相互作用、蛋白质相互作用、DNA与蛋白质相互作用等的分析检测。

2.438　表面增强红外光谱技术

表面增强红外光谱技术指将单层生物大分子吸附于粗糙贵金属基底表面,使分子的红外吸收强度大大增强的一种技术。进行红外吸收光谱测量,可以更灵敏地得到生物大分子在生理状态下的结构和功能,以及结构变化的信息。

2.439　力学化学耦合

力学化学耦合指大分子(蛋白质、DNA、RNA等)的力学和化学因素的交互影响,包括生物大分子力学行为及其与化学过程的关联,生物大分子折叠、构象变化及力学、化学信号转导等。

2.440　免疫细胞化学法

免疫细胞化学法指根据抗原与抗体特异性结合的原理,利用针对特定多肽或蛋白质抗原的标记抗体为探针,检测细胞内特定抗原的通用技术。检测的靶物质包括受体、酶、分泌物前体等各种基因表达产物,对其进行定位、定性及定量研究。

2.441　表面增强激光解吸电离技术

表面增强激光解吸电离技术是基质辅助激光解吸离子化技术的变体,指样品靶板经过不同化学修饰后用于生物样品,尤其是临床样品的预处理,可以对蛋白质和多肽进行富集的技术。主要与飞行时间质谱联用,已广泛用于组织样品、血液、尿液或其他临床样品中蛋白质的分析检测,比较健康人群和疾病患者之间蛋白质水平的差异,以期发现可以用于临床疾病诊断的生物标志物。

2.442 高通量筛选技术

高通量筛选技术指以在分子水平和细胞水平检测化合物活性的实验方法为基础的技术。整个实验过程都是通过计算机控制的自动化操作完成,通过高通量的检测仪器获得实验数据并通过计算机分析和处理。

2.443 疏/亲水性分布图

疏/亲水性分布图是一种大致描述蛋白质高级结构和寻找蛋白抗原决定簇的方法。以每个氨基酸残基疏/亲水性的大小(疏水为正值,亲水为负值)为纵坐标,氨基酸残基的编号为横坐标,绘制成图。一组在纵坐标上方的连续直线提示,对应的肽段为疏水性肽段,在球状蛋白中,倾向于聚集在分子内部,在膜蛋白中,可能定位在膜内;一组在纵坐标下方的连续直线提示,相应的肽段在分子的表面或膜的两侧。

2.444 生物质谱

生物质谱是质谱的一种,主要用于蛋白质、多肽、核酸等生物分子的分析鉴定等。

2.445 电喷雾离子化

电喷雾离子化指一种软电离的离子化技术,是生物质谱中常用的电离方式之一,适合于蛋白质、多肽等生物大分子离子化。其基本原理是让样品溶液从加有数千伏高电压的毛细管出口流出,形成雾状带高电荷的液滴。在加热气体的作用下,带电液滴中的溶剂被气化,液滴体积逐渐缩小,液滴的电荷密度超过表面张力极限时会引起液滴"库仑爆炸"。随着溶剂的进一步蒸发,最终形成单电荷或多电荷的带正电荷或负电荷的离子。

2.446 基质辅助激光解吸离子化

基质辅助激光解吸离子化指一种软电离的离子化技术,是生物质谱中常用的电离方式之一,适于蛋白质、多肽、DNA、糖类等生物大分子,以及大的有机分子(如聚合物等)的分析。其原理是当用一定强度的激光照射样品分子与基质形成的共结晶时,基质吸收激光的能量而蒸发、离子化,基质-样品分子间极易发生电荷转移而使样品分子离子化,然后进入质量分析器进行分析检测。

2.447 基质辅助激光解吸离子化-飞行时间质谱

基质辅助激光解吸离子化-飞行时间质谱指由基质辅助激光解析离子化源和飞行时间质量分析器组合而成的质谱仪。

2.448 离子淌度质谱

离子淌度质谱是离子淌度分离和质谱仪的组合。离子淌度分离离子是根据离子的迁移率或流动性的差异,而质谱分离离子是依据离子质荷比的不同。离子淌度质谱能够在测定蛋白质等生物分子分子质量的同时分析其构象的均一性。

2.3.6 其他

2.449 生物信息学

生物信息学是根据分子(从物理化学的角度)和信息技术(源自应用数学、计算机科学和统计学的原则)的应用来理解和组织与这些分子相关的大规模的信息,即生物信息学是分子生物学的信息管理系统和很多实践上的应用。

2.450 诱导契合

诱导契合指当底物与受体相互结合时,受体将采取一个最佳的构象同底物达到最佳结合,同时底物也会改变原有的构象以更好地同受体结合,这个过程又称分子对接的构象重组织。

2.451 构型

构型指在立体化学中,分子中不对称中心上各个原子或取代基团的空间排列关系。构型的改变涉及共价键的断裂和重新组成,从而导致光学活性的变化。常见的构型有 D-型和 L-型两种。在生物体中,不同的生物分子(如氨基酸和糖)通常具有特定的构型,如蛋白质中的氨基酸是 L-型,常见的单糖多数是 D-型。

2.452 构效关系

构效关系指的是药物或其他生理活性物质的化学结构与其生理活性之间的关系,是药物化学的主要研究内容之一。

2.453 高变区(互补决定区)

高变区(互补决定区)指一种血清免疫球蛋白(Ig)[或 T 细胞受体(TCR)]可变区中由约 10 个氨基酸组成的多肽环状结构,重链和轻链各含 3 个。不同特异性抗体中,此区域氨基酸序列高度可变,是抗体直接接触并结合抗原(表位)的结构基础,由此决定抗体的特异性。

2.454 翻译后调控

翻译后调控指在基因表达的大框架中,发生在翻译之后的任何影响蛋白质产生量的过程。实际上,这是一个描述调控蛋白质稳定性的术语。蛋白质越稳定,越容易聚集。

2.455 跨膜结构域

跨膜结构域指蛋白质全部跨脂双层或其部分与膜相结合的微区结构。如多药耐药 P 型糖蛋白含有 2 个疏水性的跨膜结构域(transmembrane domain,TMD),每一个 TMD 中有 6 个 g-螺旋。

更新名词

2.456 鲜味肽

鲜味肽指水溶液具有鲜味的多肽,通常认为,多肽序列中谷氨酸、天冬氨酸、天门冬酰胺、苯丙氨酸、丙氨酸、甘氨酸和酪氨酸这 7 种氨基酸占比超过 30%,认为具有潜在呈鲜味特性。

2.457 鲜味增强肽

鲜味增强肽指自身水溶液可能具有鲜味或无味,但具有增强其他物质鲜味功能的多肽,通常认为,多肽序列中谷氨酸、天冬氨酸、丙氨酸、甘氨酸和天门冬酰胺这五种氨基酸占比超过30%,认为具有潜在鲜味增强特性。

2.458 苦味肽

苦味肽指具有苦味的多肽,通常情况下其氨基酸序列中 C-末端或 N-末端为疏水性氨基酸。一般认为,疏水性越强的氨基酸,其苦味越强;反之,疏水性越弱的氨基酸,苦味越弱。

2.459 浓厚味肽

浓厚味肽指自身水溶液不具备特定风味,但与其他呈味物质共同食用可增强其原有风味。目前浓厚味机理尚不明确,但 γ-谷氨酰寡肽被认为是潜在的浓厚味肽。

2.460 抗氧化肽

抗氧化多肽指在体内或体外表现出抗氧化活性的多肽。其多肽序列中通产富含苯环等官能团的氨基酸。

2.461 降血糖肽

降血糖肽指具有体内或体外降血糖功能的多肽。

2.462 亚铁螯合肽

亚铁螯合肽指能与亚铁离子螯合的多肽。其结合比可以为肽铁 1:1 或小于 1:1。但多肽序列中通常含有侧链为氨基或亚氨基的氨基酸,如精氨酸、赖氨酸。

2.4 多肽产品制备

2.4.1 多肽产品制备工艺

2.463 浓缩

浓缩指将溶液中的一部分溶剂蒸发,使溶液中存在的所有溶质的浓度都同等程度提高的过程。

2.464 粉碎

粉碎指通过施加机械力的方法克服固体物料内部凝聚力,使物料达到破碎效果的操作。

2.465 过筛

过筛指将物料通过筛子或筛网材料进行分选的工艺技术。

2.466 灭菌

灭菌指运用物理、化学、生物方法杀灭物体上的一切微生物(包括细菌芽孢),达到无菌程度的消毒。

2.467 抽滤

抽滤指利用抽气造成的负压加速滤水的方法。

2.468 乳化交联法

乳化交联法指药物和天然高分子材料为水

相,与含乳化剂的油相搅拌乳化,在搅拌下利用高分子溶液本身的表面张力形成球形乳滴,进一步形成稳定的油包水型乳状液,需加入化学交联剂,发生胺醛缩合或醇醛缩合反应,制得粉末状微球的方法。

2.469 低温喷雾提取法

低温喷雾提取法指通过机械作用,将需干燥的物料,分散成很细的像雾一样的微粒(增大水分蒸发面积,加速干燥过程),与40~80℃的热空气接触,在瞬间将大部分水分除去,使乳制品等中的固体物质干燥成粉末的技术。

2.470 相分离法

相分离法指制备微胶囊过程中,使用一种或多种高分子材料作为壁材,将芯材分散在壁材溶液中,在适当的条件下使壁材的溶解度降低而凝聚出来,形成微胶囊的方法。

2.471 超临界流体技术

超临界流体技术指将超临界流体应用于生产生活中的各个领域,如节能、天然产物萃取、聚合反应、超微粉和纤维的生产,通过喷料和涂料、催化过程和超临界色谱等来获得一定特性的产品技术。

2.472 颗粒压片法

颗粒压片法指在物料中加入适宜辅料混合均匀后,制成颗粒后压片的方法。

2.473 粉末直接压片法

粉末直接压片指在物料中加入适宜辅料混合均匀后,不经过制粒直接压片的方法。此法的重要条件之一是添加的辅料要有良好的流动性和可压性,常用的辅料有微晶纤维素、微粉硅胶等。

2.4.2 多肽产品类型

2.474 胶囊剂

胶囊剂指将药物填装于空心硬质胶囊中或密封于弹性软质胶囊中而制成的固体制剂。构成上述空心硬质胶囊壳或弹性软质胶囊壳的材料是明胶、甘油、水以及其他药用材料,但各成分的比例不尽相同,制备方法也不同。

2.475 硬胶囊剂

硬胶囊剂指将一定量的原料提取物与原料粉末或辅料制成均匀的粉末或颗粒,充填于空心胶囊中,或将几种原料粉末直接装于空心胶囊中而制成的胶囊剂型。

2.476 软胶囊剂

软胶囊剂指将一定量的原料、原料提取物加适宜的辅料密封于球形、椭圆形或其他形状的软质胶囊材中制成的胶囊剂型。

2.477 模印片

模印片指将功效成分与辅料混匀并加入适量润湿剂或黏合剂后塑制、干燥而成。

2.478 压制片

压制片指药物与辅料混匀后,经制粒或不经

制粒,再用压片机压制而成的片剂。

2.479 薄膜衣片

薄膜衣片指在压制片外包一层高分子材料(如羟丙基甲基纤维素)的薄膜的片剂。

2.480 糖衣片

糖衣片指外包糖衣(主要是蔗糖)的片剂。

2.481 散剂

散剂指一种或数种原料经粉碎、混合而制成的粉末状制剂。散剂的表面积较大,因而具有易分散、起效快的特点。

2.482 颗粒剂

颗粒剂指原料的提取物与适宜辅料或与部分原料细粉混匀,制成的干燥颗粒状制剂。颗粒剂是在汤剂和糖浆剂基础上发展起来的新剂型。颗粒剂中的原料全部或大部分经过提取、精制,味甜适口,体积缩小,携带、运输、服用方便。

2.483 水溶性颗粒剂

水溶性颗粒剂指加水能完全溶解,溶液澄清透明的制剂。

2.484 混悬性颗粒剂

混悬性颗粒剂加水后不能全部溶解,液体中有悬浮的细小物质。此种颗粒剂多由含有较多的热敏性或挥发性成分的原料制成。它是将一部分原料提取制成稠膏,另一部分原料粉碎成细末,再将二者混匀后制成的颗粒剂。

2.485 泡腾性颗粒剂

泡腾性颗粒剂指利用有机酸与弱碱遇水作用产生二氧化碳气体,使料液产生气体呈泡腾状态的一种颗粒剂。

2.486 口服液

口服液指采用适当的方法将原材料用水或其他溶剂提取,经浓缩制成的内服液体制剂。

2.487 蛋白肽口服液

蛋白肽口服液指一种酶解小分子活性多肽饮品,人体易吸收,迅速补充小分子蛋白。

2.488 微球剂

微球剂指一种适宜的高分子材料制成的凝胶微球,其中含有药物(活性成分)。

2.489 微囊剂

微囊剂指固态或液态活性成分被辅料包封而形成的微小胶囊。

2.490 普通压制片

普通压制片指功效成分与辅料混匀后,压制而成的片剂,一般不包衣的片剂多属于此类片剂。

2.491 包衣片剂

包衣片剂指在普通压制片外面有保护膜层的片剂。

2.492　口含片

口含片指含于口腔内缓缓溶解,产生持久局部功效作用的片剂。其硬度一般较大,多用于口腔及咽喉疾患,如薄荷清咽含片、草珊瑚含片。

2.493　咀嚼片

咀嚼片指在口中咀嚼后咽下的片剂,这类片剂较适合于小儿。对于崩解困难的保健食品,制成咀嚼片可加速崩解,提高作用效果。

2.4.3　多肽产品功能

2.494　生物活性肽(功能肽)

生物活性肽(功能肽)指对生物机体的生命活动有益或是具有生理调节作用的肽类化合物,又称功能肽。不仅具有与同源蛋白质相同的氨基酸组成,而且其消化吸收性能比蛋白质更好,因此它能起到维持和改善蛋白质营养状况的作用。

2.495　内源性生物活性肽

内源性生物活性肽指人体自身的组织器官产生的对人体具有生理调节作用的肽类物质,涉及人体激素、神经、细胞生长和生殖各个领域,常见如内分泌腺分泌的肽类激素(促甲状腺激素、生长激素释放激素等)。

2.496　外源性生物活性肽

外源性生物活性肽指外源性生物活性肽并非人体自身产生,要通过口服等方式摄入人体方可发挥生理功能。依据制备方式,外源性生物活性肽可分为天然提取活性肽、蛋白质转化活性肽两类。

2.497　调节肽

调节肽指存在于神经系统作为神经递质和存在于内分泌细胞起循环或局部激素作用的生物活性肽,通常为小分子的四肽至四十肽。它们分布广、效应强,生理条件下起调节器官功能的作用,是维持机体内环境稳定的主要机制之一。

2.498　干细胞再生肽

干细胞再生肽指一类刺激未分化的、具有无限分裂能力细胞的生长因子,可以刺激干细胞分化成多种功能细胞,使干细胞通过一次有丝分裂产生 2 个细胞,则进入分化途径。对促进成纤维细胞的代谢和胶原蛋白的形成发挥着重要功能。

2.499　免疫活性肽

免疫活性肽指一类存在于生物体内具有免疫功能的多肽,主要适用于肝癌、肺癌、白血病、骨肉瘤等疾病。

2.500　酶抑制剂

酶抑制剂指作用于或影响酶的活性中心或必需基团导致酶活性下降或丧失而降低酶促反应速率的物质。可分为可逆抑制剂和不可逆抑制剂。

2.501　降血压肽

降血压肽指一类能够降低人体血压的小分

子多肽的总称。

2.502　抗炎肽

抗炎肽指机体通过综合调控细胞炎症因子的分泌、炎性介质合成与释放和炎症信号通路，调节机体炎症反应的一类小分子肽，一般由2个或多个氨基酸组成。

2.503　记忆肽

记忆肽全称记忆增强肽，是一类促进学习和记忆功能的合成多肽。

2.504　离子转运肽

离子转运肽指蝗虫心侧体的一种肽，有促进后肠对离子和液体吸收的作用。

2.4.4　多肽产品种类及来源

2.505　外源性肽

外源性肽指人体以外的肽类物质，即存在于天然动植物和微生物体内的天然肽类物质，以及动植物蛋白质经过降解后产生的肽类物质。

2.506　内源性肽

内源性肽指人体内天然存在的肽类物质，如促生长激素释放激素、促甲状腺素、胸腺肽、胰岛素等。

2.507　神经多肽

神经多肽指存在于神经组织并参与神经系统功能作用的内源性活性物质，是一类特殊的信息物质。

2.508　激肽

激肽指血液中的 α-球蛋白经专一的蛋白酶作用后释放的一类活性多肽。

2.509　白蛋白多肽

白蛋白多肽来源于卵清蛋白母液，指以国际

公认的标准蛋白为原料，利用现代生物工程技术经复合酶定向酶切提取的具有生物活性的小分子多肽。

2.510　玉米多肽

玉米多肽指从玉米中提取的蛋白质，经过定向酶切及特定小肽分离技术获得的小分子多肽物质。

2.511　大米多肽

大米多肽指分离自大米清蛋白的胰蛋白酶解物的活性肽，氨基酸序列为 Gly-Tyr-Pro-Met-Tyr-Pro-Leu-Pro-Arg，既具有类阿片样拮抗活性，又具有免疫调节活性。

2.512　绿豆多肽

绿豆多肽指以绿豆蛋白为原料，利用生物复合酶酶解的定向酶切割技术获得的小分子低聚肽。

2.513　花生肽

花生肽指利用定向酶切割技术，选择花生蛋

白中的活性功能片段为酶解对象进行酶解反应。再采用修饰酶技术调整多肽的部分片段,使其成为营养成分高、风味独特的一种多肽。

2.514 豌豆肽

豌豆肽指以豌豆蛋白为原料,经酶解、分离、精制和干燥等加工过程而制得的相对分子质量为 200~800 的小分子低聚肽。

2.515 菜籽肽

菜籽肽指由菜籽蛋白水解得到的一种多肽,具有独特的理化特性与生物学活性。

2.516 苦瓜多肽

苦瓜多肽指从苦瓜中提取的一种可用于治疗糖尿病的活性多肽成分。

2.517 灵芝多肽

灵芝多肽是新一代脑神经再生新药的主要成分,包括神经生长因子(nevergrowthfactor,NGF)、脑源性神经营养因子(BDNF)、神经营养因子-3(neurotrophin-3,NT-3)、神经营养因子-45(NT-45)、胶质细胞源神经营养因子(GDNF),可以营养修复受损脑神经的物质。

2.518 核桃多肽

核桃多肽指以脱脂核桃蛋白为原料,通过现代生物定向酶切技术获取的肽类物质。

2.519 菜籽多肽

菜籽多肽指从油菜籽中提取的植物多肽,对脂肪氧合酶的活性有明显的抑制作用。

2.520 云芝糖肽

云芝糖肽指从多孔菌科植物云芝(*Coriolus versicolor* L. ex. Fr.) Quel. (菌株 Cov-1)的菌丝体中提取的高分子糖肽聚合物。具有补益精气,健脾养心的功效。对细胞免疫功能和血象有一定的保护作用。用于缓解食管癌、胃癌及原发性肺癌患者放、化疗所致的气阴两虚、心脾不足症。

2.521 丝肽

丝肽指丝蛋白的降解产物,是天然丝经适当条件下水解而获得的透明的淡黄色液体,分子质量为 $3 \times 10^2 \sim 5 \times 10^2 u$。

2.522 脑肽

脑肽指从猪脑或牛脑中,用酶法提取的含有大量小肽和氨基酸、辅酶体等的物质。

2.523 肝肽

肝肽指从健康牛肝、猪肝经酶法水解而得的物质。

2.524 乳蛋白源生物活性肽

乳蛋白源生物活性肽指与乳中某些蛋白质肽链的某些片段相同或相似,并在乳蛋白质降解过程中被释放出来的具有生物活性的肽类。

2.525 多肽疫苗

多肽疫苗指按照病原体抗原基因中已知或预测的某段抗原表位的氨基酸序列,通过化学合成技术制备的疫苗。

2.526 多肽抗生素

多肽抗生素指生物体内经诱导产生的一种具有生物活性的小分子多肽。其对细菌具有广谱高效杀菌活性,且对部分真菌、原虫、病毒及癌细胞等均具有强有力的杀伤作用。相对分子质量为 2000~7000,由 20~60 个氨基酸残基组成。

2.527 米糠肽

米糠肽是以脱脂米糠为原料,采用中性蛋白酶水解,再经离心分离、脱色、过滤、浓缩、灭菌,最终喷雾干燥得到的食品级米糠多肽蛋白粉。

2.528 鲨肝肽

鲨肝肽指从海洋生物鲨鱼肝脏纯化获得一种活性多肽。

2.529 胸腺肽

胸腺肽指从小牛胸腺发现并提纯的有非特异性免疫效应的小分子多肽。能连续诱导 T 淋巴细胞分化、发育的各个阶段,维持机体免疫平衡状态,增强 T 淋巴细胞对抗原的免疫应答。用于治疗多种免疫缺陷病。

2.530 孢素 A

孢素 A 指一种选择性作用于 T 淋巴细胞的强效免疫抑制剂。通过与细胞内免疫嗜素亲环蛋白结合,抑制辅助性 T 淋巴细胞活化及对 IL-2 的反应性,主要用于预防移植术后的移植物抗宿主反应(graft versus host reaction,GVHR),或治疗多种自身免疫病。

2.531 胶原蛋白肽

胶原蛋白肽指胶原蛋白的三螺旋结构彻底打开,肽链被降解成为短的肽链,得到相对分子质量为几千的多肽混合物,含有高浓度的甘氨酸、脯氢酸和羟脯氨酸的多肽。

2.532 畜产肽

畜产肽指将新鲜猪肝经酶解处理后再经脱色、除臭、超滤处理,然后精制干燥而得到的具有高水溶性的分子质量小于 3000u 的肽组成的肝肽。

2.533 肽类生长因子

肽类生长因子指一种具有多种生物学功能的多肽类物质。

2.534 表皮生长因子

表皮生长因子指一种由 53 个氨基酸残基组成的小肽,属于表皮生长因子家族。在体内体外对多种组织细胞有强烈促分裂作用的生长因子。参与正常细胞的生长、肿瘤形成、创伤愈合等过程。

2.535 尿抑胃肽

尿抑胃肽指从十二指肠提取且分离得到的具有明显的依赖于葡萄糖的促胰岛素分泌作用的多肽组分。

2.536 神经生长因子

神经生长因子指一组具有激素样性质的多

肽。能引起神经细胞肥大和增生、神经细胞突的生长，并使各种神经细胞的代谢增强。

2.537 抑胃肽

抑胃肽指葡萄糖依赖性胰岛素释放肽。

2.538 聚明胶肽

聚明胶肽指牛骨明胶水解产物。用于扩充血容量和维持渗透压。

2.539 豹蛙肽

豹蛙肽是一种从豹蛙皮肤中分离出来的多肽，含有十个氨基酸，具有刺激活性物质（如胰岛素、组胺等）释放的作用。在狗和兔子体内，可作为一种血管收缩剂。

2.540 奥曲肽

奥曲肽指一种人工合成的八肽环状化合物，具有与天然内源性生长抑素类似的作用。

2.541 神经营养因子

神经营养因子指在神经元微环境中产生，主要作用于神经元细胞体的一组结构同源的内源性多肽。能促进神经元存活，调节神经系统的发育。

2.542 乳铁蛋白肽

乳铁蛋白肽指由乳铁蛋白酶解产生的多肽。

2.543 降钙素基因相关肽

降钙素基因相关肽指甲状旁腺产生的三十

七肽，起血管舒张剂作用。其基因与降钙素基因组成一个复杂的复合体，有精密的调控机制，在信使核糖核酸水平上使一个基因表达两种功能完全不同的多肽。

更新名词

2.544 多肽水凝胶

多肽水凝胶指选用天然亲水性高分子多肽类（明胶、聚 L-赖氨酸、聚 L-谷氨酸等）形成的一类具有亲水基团，能被水溶胀但不溶于水的具有三维网络结构的聚合物。

2.545 有机阴离子运输肽

有机阴离子运输肽指一类重要的细胞膜吸收转运蛋白，能摄取大量结构各异的体内外化合物进入细胞。广泛分布于胃肠道、肝脏、肾脏、心脏、肺、胎盘血脑屏障等处器官组织的内皮和上皮细胞，以 Na^+ 和 ATP 非依赖性的方式跨膜转运结构和功能多种多样、范围广泛的一系列有机溶质，包括胆盐、类固醇以及类固醇结合物、甲状腺激素、阴离子寡肽、药物、毒物以及其他异生物质。

2.546 同聚肽

同聚肽指完全由氨基酸组成的多肽，包括直链肽和环状肽。

2.547 杂聚肽

杂聚肽指由氨基酸部分和非氨基酸部分组成的多肽，包括色素肽、糖肽、脂肽和缩脂肽。

成的多肽。

2.548 抗肿瘤肽

抗肿瘤肽指可通过抑制肿瘤 DNA 合成,阻止肿瘤新生血管生成和转移、诱导肿瘤细胞凋亡等的多肽,用于预防、抑制或阻止肿瘤发展。

2.549 促钙吸收肽

促钙吸收肽指能与钙形成可溶性配合物,维持钙在小肠内的溶解状态,增加小肠对钙的吸收及其在体内的蓄积,促进机体对钙元素吸收利用的多肽。

2.550 骨代谢肽

骨代谢肽指具有调节骨代谢,刺激成骨细胞的增殖,促进新骨的形成,增加骨钙的沉积,防治骨质疏松作用的多肽。

2.551 镇痛肽

镇痛肽指能够有效缓解各种锐痛以及慢性疼痛,且具有无成瘾性、持久性、安全性较高等特点的多肽。

2.552 血糖调节肽

血糖调节肽指具有增加胰岛素的合成和释放,抑制胰岛 B 细胞凋亡、抑制胰高糖素分泌等生理作用的多肽。

2.553 减肥肽

减肥肽指能够在一定程度上阻碍脂肪的吸收,阻止脂淀,能使人体脂肪有效减少,有效控制体重。同时又能保持骨骼肌量不变,还能净化血液内多余的血脂,促进肌肉蛋白合

2.554 降脂肽

降脂肽指能有效阻碍胆酸或胆固醇从肠道吸收,促进胆酸、胆固醇从粪便排出,并促进胆固醇的降解;进入血液循环后可以抑制环磷酸腺苷的形成,导致甘油三酯活性下降,脂肪组织中的脂解作用减慢,血液中非酯化脂肪酸的浓度下降,使肝脏合成低密度脂蛋白和极低密度脂蛋白减少,但不影响高密度脂蛋白的合成的多肽。

2.555 金属结合肽

金属结合肽指对金属离子具有亲和能力,可选择性地与特定金属离子结合的多肽,它们可与环境中的金属离子通过化学结合作用形成复合物而降低、富集或消除金属离子对生物细胞的毒性。

2.556 弹性蛋白样多肽

弹性蛋白样多肽指由人类原弹性蛋白衍生而来,具有统一理化特性的蛋白质聚合物,适合于多功能生物制剂的设计。

2.557 海藻多肽

海藻多肽指 α-氨基酸以肽链连接在一起而形成的化合物,由海藻蛋白酶解得到的通常由 10~100 个氨基酸分子脱水缩合而成的化合物。

2.558 肽激素

肽激素指由氨基酸通过肽键连接而成,通过刺激肾上腺皮质生长、红细胞生成等实现促

进人体的生长、发育,大量摄入会降低自身内分泌水平,损害身体健康,还可能引起心血管疾病、糖尿病等的激素类。

2.559　度拉糖肽

度拉糖肽指一种长效胰高血糖素样肽－1受体激动剂(glucagon－like peptide－1 receptor agonist,GLP－1RA),用于成人2型糖尿病患者的血糖控制。

2.560　索马鲁肽

索马鲁肽指一种新型的胰高血糖素样肽－1受体激动剂,是中国首个同时具有降糖和心血管适应证的周制剂降糖药物。

2.561　利拉鲁肽

利拉鲁肽指一种酰化人胰高血糖素样肽－1受体激动剂(GLP－1)。当血浆葡萄糖浓度升高时,利拉鲁肽可以增加细胞内环磷腺苷(cAMP),从而导致胰岛素释放,降低血糖,当血糖浓度下降并趋于正常时,胰岛素

分泌减少。

2.562　醋酸格拉替雷

醋酸格拉替雷指一种人工合成的,由谷氨酸、丙氨酸、酪氨酸和赖氨酸四种氨基酸组成,主要用于多发性硬化症的肽类制剂。已被批准用于治疗复发性多发性硬化征(multiple sclerosis,MS)和临床孤立综合征(clinically isolated syndrome,CIS)。

2.563　利西拉肽

利西拉肽指一种GLP－1受体激动剂,用于辅助饮食和运动以改善有2型糖尿病成年的血糖控制。

2.564　格拉替雷

格拉替雷指一种人工合成的由谷氨酸、丙氨酸、酪氨酸和赖氨酸四种氨基酸组成用于治疗多发性硬化症的肽类制剂。也能用于治疗炎症、自身免疫性疾病,具有神经保护功能。

3　食品氨基酸领域热点术语

3.1　理化性质

3.1.1　氨基酸分类

3.001　氨基酸

氨基酸是生物体内的一种有机化合物,是蛋白质的组成单元。它们包含1个氨基(—NH$_2$)、1个羧基(—COOH)、1个碳原子(C$_\alpha$)上连接的1个侧链基团(R基团)以及1个氨原子,氨基酸通过肽键连接在一起,形成蛋白质的多肽键。氨基酸在生

物体内扮演着重要的生物学功能,包括构建细胞组织、参与代谢过程、作为激素和神经递质的前体等。

3.002　蛋白氨基酸

蛋白氨基酸指参与蛋白质组成的氨基酸,包括 20 种常见的氨基酸和若干不常见的氨基酸。

3.003　非蛋白氨基酸

非蛋白氨基酸指天然氨基酸中不参与蛋白质组成的氨基酸。

3.004　条件必需氨基酸(半必需氨基酸)

条件必需氨基酸(半必需氨基酸)指人体虽然能够合成但合成速度通常不能满足正常需要的氨基酸。如半胱氨酸和酪氨酸在体内分别能由必需氨基酸蛋氨酸和苯丙氨酸合成,如果在膳食中能直接提供这 2 种氨基酸,则蛋氨酸和苯丙氨酸的需要量可分别减少 30% 和 50%。

3.005　必需氨基酸

必需氨基酸指人体自身不能合成或合成速度与数量不能满足人体需要,必须从食物中摄取的氨基酸。对人体来讲,必需氨基酸共有 8 种:赖氨酸、色氨酸、苯丙氨酸、蛋氨酸、苏氨酸、异亮氨酸、亮氨酸、缬氨酸。对于婴幼儿,组氨酸也是必需氨基酸。

3.006　非必需氨基酸

非必需氨基酸指可在动物体内合成,不是必须从外部补充的氨基酸。是蛋白质的构成材料,且对必需氨基酸的需要量有影响。

3.007　大豆必需氨基酸

大豆必需氨基酸指大豆中所含人体自身(或其他脊椎动物)不能合成或合成速度不能满足人体需要的氨基酸。

3.008　大豆非必需氨基酸

大豆非必需氨基酸指大豆中所含的可在动物体内合成、作为营养源且不需要从外部补充的氨基酸。

3.009　酸性氨基酸

酸性氨基酸指含有 2 个羧基 1 个氨基的氨基酸。

3.010　碱性氨基酸

碱性氨基酸指含有 2 个氨基 1 个羧基的氨基酸。

3.011　中性氨基酸

中性氨基酸指含有 1 个氨基 1 个羧基的氨基酸。

3.012　蛋白价

蛋白价指蛋白质中某种必需氨基酸量与标准蛋白质中相应的必需氨基酸量的百分比。

3.013　甲酰甲硫氨酸

甲酰甲硫氨酸指一种被修饰的甲硫氨酸残基,其 α-氨基被甲酰化,出现在细菌、噬菌体、真核生物线粒体和叶绿体的新生多肽链的 N-末端,以 AUG 或 GUG 为密码子。

3.014 副刀豆氨酸

副刀豆氨酸指一种存在于刀豆和其他含有刀豆氨酸的豆类中的碱性 $L-\alpha-$ 氨基酸,由 $L-$ 刀豆氨酸通过脱氨基或转氨基反应后形成,抑制依赖吡哆醛的酶的活性。种子发芽时水解释放出氨用于生物合成,副刀豆氨酸和尿素等水解应物最终形成氨。

3.015 刀豆氨酸

刀豆氨酸指一种存在于某些豆类中的碱性 $L-\alpha-$ 氨基酸,占刀豆干重 8%,是主要贮氮化合物。

3.016 南瓜子氨酸

南瓜子氨酸学名为 3-氨基-3-羧基-吡咯烷,是一种不常见的氨基酸,存在于南瓜中,有毒性,作为驱蛲虫药。番茄中有类似作用的番茄碱。

3.017 红藻氨酸

红藻氨酸学名为 2-羧甲基-3-异丙烯基脯氨酸,指从一种红藻中得到的 $L-$谷氨酸的环状类似物。为兴奋性氨基酸受体的选择性激动剂。

3.018 羊毛硫氨酸

羊毛硫氨酸指一种由半胱氨酸和丙氨酸通过侧链氧化而成的二氨基酸。在一些蛋白质或肽类中,丝氨酸或苏氨酸侧链氧化脱氢后与半胱氨酸反应,即形成此类二氨基酸。因羊毛经温和碱处理后可得到此类氨基酸而得名。

3.019 支链氨基酸

支链氨基酸指侧链具有分支结构的氨基酸。在蛋白质中常见的有苏氨酸、缬氨酸和异亮氨酸等。

3.020 苏氨酸

苏氨酸学名为 2-氨基-3-羟基丁酸,指一种含有一个醇式羟基的脂肪族 $\alpha-$氨基酸。$L-$苏氨酸是组成蛋白质的 20 种氨基酸中的一种,有 2 个不对称碳原子,可以有 4 种异构体,是哺乳动物的必需氨基酸和生酮氨基酸。符号为 T。

3.021 丙氨酸

丙氨酸学名为 2-氨基-丙酸,指一种脂肪族的非极性氨基酸。常见的是 $L-\alpha-$氨基酸,是蛋白质编码氨基酸之一,哺乳动物非必需氨基酸和生糖氨基酸。$D-$丙氨酸存在于多种细菌细胞壁的肽聚糖。$\beta-$丙氨酸是维生素泛酸和辅酶 A 的组分。符号为 A。

3.022 色氨酸

色氨酸学名为 2-氨基-3-吲哚基丙酸,指一种芳香族杂环非极性氨基酸。$L-$色氨酸是组成蛋白质的常见 20 种氨基酸中的一种,是哺乳动物的必需氨基酸和生糖氨基酸。在自然界中,某些抗生素中有 $D-$色氨酸。符号为 W。

3.023 酪氨酸

酪氨酸学名为 2-氨基-3-对羟苯基丙酸,指一种含有酚羟基的芳香族极性 $\alpha-$氨基酸。$L-$酪氨酸是组成蛋白质的 20 种氨基酸中的一种,是哺乳动物的必需氨基酸,又是生酮和生糖氨基酸。符号为 Y。

3.024 缬氨酸

缬氨酸学名为 2-氨基-3-甲基丁酸,指一种含有 5 个碳原子的支链非极性 α-氨基酸。L-缬氨酸是组成蛋白质的 20 种氨基酸中的一种,是哺乳动物的必需氨基酸和生糖氨基酸。在一些放线菌素(如缬霉素)中存在 D-缬氨酸。符号为 V。

3.025 精氨酸

精氨酸学名为 2-氨基-5-胍基-戊酸,指一种脂肪族的碱性的含有胍基的极性 α-氨基酸,在生理条件下带正电荷。L-精氨酸是蛋白质合成中的编码氨基酸,哺乳动物必需氨基酸和生糖氨基酸。D-精氨酸在自然界中尚未发现。符号为 R。

3.026 天冬氨酸

天冬氨酸学名为 2-氨基 4-羧基丁酸,指一种脂肪族的酸性的极性 α-氨基酸。L-天冬氨酸是蛋白质合成中的编码氨基酸,哺乳动物非必需氨基酸和生糖氨基酸,是神经递质。D-天冬氨酸存在于多种细菌的细胞壁和短杆菌肽 A 中。符号为 D。

3.027 丝氨酸

丝氨酸学名为 2-氨基-3-羟基丙酸,指一种脂肪族极性 α-氨基酸。L-丝氨酸是组成蛋白质的常见 20 种氨基酸中的一种,是哺乳动物的非必需氨基酸,也是生酮氨基酸。在自然界中也有 D-丝氨酸,如丝原蛋白中,在一些抗生素中也有 D-丝氨酸。符号为 S。

3.028 半胱氨酸

半胱氨酸学名为 2-氨基-3-巯基丙酸,是一种脂肪族的含巯基的极性 α-氨基酸。在中性或碱性溶液中易被空气氧化成胱氨酸。L-半胱氨酸是蛋白质合成编码氨基酸,哺乳动物非必需氨基酸和生糖氨基酸。D-半胱氨酸存在于荧火虫的萤光素酶中。符号为 C。

3.029 高半胱氨酸

高半胱氨酸学名为 2-氨基-4-巯基丁酸。其分子结构中包含半胱氨酸的硫氧化物。它是半胱氨酸和甲硫氨酸之间的一个过渡体,可以参与多种生物化学反应。高半胱氨酸在生物体内发挥重要的生理功能,特别是在蛋白质合成和硫氧化还原反应中起着关键作用。

3.030 高胱氨酸

高胱氨酸又称同型胱氨酸,是 2 个高半胱氨酸巯基间脱氢结合后的产物,也是高半胱氨酸的氧化态,是人体健康的重要指标。

3.031 胱氨酸

胱氨酸由 2 个半胱氨酸通过其侧链巯基氧化成硫键后形成的产物,含有 2 个手性中心,不溶于水,可形成尿结石。蛋白质中的 L-胱氨酸在肽链形成后,由 2 个半胱氨酸残基氧化形成。

3.032 谷氨酸

谷氨酸学名为 2-氨基-5-羧基戊酸,是蛋白质的 20 种常见氨基酸之一。作为谷氨酰胺、脯氨酸以及精氨酸的前体。L-谷氨酸是蛋白质合成中的编码氨基酸,是哺乳动物的非必需氨基酸,在体内可以由葡萄糖转变而来。D-谷氨酸参与多种细菌细胞壁和某些细菌杆菌肽的组成。符号为 E。

3.033 谷氨酰胺

谷氨酰胺学名为 2-氨基-5-羧基戊酰胺,是谷氨酸的酰胺。L-谷氨酰胺是蛋白质合成中的编码氨基酸,哺乳动物非必需氨基酸,在体内可以由葡萄糖转变而来。符号为 Q。

3.034 苯丙氨酸

苯丙氨酸学名为 2-氨基-3-苯基丙酸,是一种芳香族的非极性的氨基酸。L-苯丙氨酸是组成蛋白质的 20 种氨基酸中的一种氨基酸,是哺乳动物的必需氨基酸和生酮生糖氨基酸。符号为 F。

3.035 脯氨酸

脯氨酸学名为吡咯烷酮羧酸,是一种环状的亚氨基酸,是组成蛋白质的常见 20 种氨基酸中唯一的亚氨基酸。在肽链中有其特殊的作用,易于形成顺式的肽键,不利于 α-螺旋的形成。符号为 P。

3.036 羟脯氨酸

羟脯氨酸,即脯氨酸羟化后的产物,为 3-羟基脯氨酸(3-Hyp)或 4-羟基脯氨酸(4-Hyp)。胶原中约 50% 的脯氨酸可被羟基化成为 4-Hyp 和少量 3-Hyp。也存在于弹性蛋白、牙齿珐琅、补体 C1 和伸展蛋白中。在天然蛋白质中尚未发现 D-羟脯氨酸。

3.037 甘氨酸

甘氨酸学名为 2-氨基乙酸,是一种非手性分子,最简单的天然氨基酸。L-甘氨酸是蛋白质合成中的编码氨基酸,哺乳动物非必需氨基酸,在体内可以由葡萄糖转变而来,因具有甜味而得名。符号为 C。

3.038 组氨酸

组氨酸学名为 2-氨基-3 咪唑基丙酸,是一种含有咪唑基侧链的碱性及极性的氨基酸。L-组氨酸是蛋白质合成的编码氨基酸,哺乳动物的必需氨基酸和生糖氨基酸。其侧链是弱碱性的咪唑基。天然蛋白质中尚未发现 D-组氨酸。符号为 H。

3.039 亮氨酸

亮氨酸学名为 2-氨基 4-甲基戊酸,是一种含有 6 个碳原子的脂肪族支链非极性的氨基酸。L-亮氨酸是组成蛋白质的常见 20 种氨基酸之一,是哺乳动物的必需氨基酸和生酮生糖氨基酸。符号为 L。

3.040 异亮氨酸

异亮氨酸学名为 2-氨基-3-甲基戊酸,是一种疏水性氨基酸。L-异亮氨酸是组成蛋白质的常见 20 种氨基酸之一,有 2 个不对称碳原子,是哺乳动物的必需氨基酸和生酮氨基酸。符号为 I。

3.041 高异亮氨酸

高异亮氨酸学名为 2-氨基-4-甲基己酸,是异亮氨酸的同系物,与异亮氨酸相比,其侧链的主链中多 1 个亚甲基。某些微生物能合成此种氨基酸,可用于合成肽类拮抗剂。

3.042 正亮氨酸

正亮氨酸学名为 2-氨基己酸,是一种不存在于蛋白质中的氨基酸,是亮氨酸和异亮氨酸的异构体,不含分支。

3.043 赖氨酸

赖氨酸学名为 2,6-二氨基己酸,是蛋白质中唯一带有侧链伯氨基的氨基酸。L-赖氨酸是组成蛋白质的常见 20 种氨基酸中的一种碱性氨基酸,是哺乳动物的必需氨基酸和生酮氨基酸。在蛋白质中的赖氨酸可以被修饰为多种形式的衍生物。符号为 K。

3.044　羟赖氨酸

羟赖氨酸指赖氨酸的 5-羟化后的产物。胶原中 15%~20% 的赖氨酸在酶的作用下转变为 L-羟赖氨酸,其中某些羟基侧链被糖基化。

3.045　甲硫氨酸

甲硫氨酸学名为 2-氨基-4-甲巯基丁酸,是一种含硫的非极性氨基酸。L-甲硫氨酸是组成蛋白质的 20 种氨基酸中的一种,是哺乳动物的必需氨基酸和生酮氨基酸。其侧链易氧化成甲硫氨(亚)砜。符号为 M。

3.046　瓜氨酸

瓜氨酸指一种最初发现于西瓜汁,但不存在于蛋白质中的 L-α-氨基酸,是动物体内氨基酸代谢尿素循环的中间产物。

3.047　亚氨基酸

亚氨基酸指一种带有亚氨基的羧酸的总称。在生物化学中主要是指脯氨酸。

3.048　平均残基量

平均残基量指组成蛋白质的常见 20 种氨基酸残基的平均相对分子质量,约 110。或指任何一个蛋白质的相对分子质量除以其含有的残基数,所得到的商。

3.049　L-氨基酸

L-氨基酸指氨基酸的左旋光异构体。

3.050　D-氨基酸

D-氨基酸指氨基酸的右旋光异构体。

3.051　氨基酸构型

氨基酸构型又称氨基酸剖析图像或氨基酸轮廓,指为表明某种蛋白质(或肽类)所含氨基酸(特别是营养上的必需氨基酸)含量的构成型式。以此与参比蛋白质的氨基酸模式中的氨基酸含量作比较,可作为评价该蛋白质(或肽类)营养质量的方法。

3.052　氨基酸组成

氨基酸组成指蛋白质中氨基酸的种类和含量。蛋白质是一切生命有机体的物质基础,而且蛋白质是由氨基酸组成的,不同的蛋白质具有不同的氨基酸组成,从而构成色彩斑斓的生命世界。生物体除含有组成蛋白质的各种氨基酸外,还有游离存在的各种氨基酸。从各种生物体中发现的氨基酸已有 180 多种,但是参与蛋白质组成的常见氨基酸或称基本氨基酸只有 20 种,都是 L-α-氨基酸。

3.053　硒代半胱氨酸

硒代半胱氨酸指氨基酸在蛋白生物合成期间掺入,不是合成后的修饰,硒代半胱氨酸中的硒代替了硫。

3.054　脂肪族氨基酸

脂肪族氨基酸指氨基酸的 R 基是非极性、疏水性的氨基酸。

3.055　芳香族氨基酸

芳香族氨基酸指分子结构中具有芳香族侧

链的氨基酸。主要包括酪氨酸、苯丙氨酸和色氨酸。

3.056　极性不带电氨基酸

极性不带电氨基酸指能跟水形成氢键官能团的氨基酸。

3.057　共轭双键

在有机化合物分子结构中单键与双键相间的情况称为共轭双键。

3.058　内消旋胱氨酸

氨基酸中 2 个不对称中心是相同的，分子内部互相抵消而无旋光，这种异构体称为内消旋胱氨酸。

3.059　ε-多聚赖氨酸

ε-多聚赖氨酸（ε-poly-L-lysine, ε-PL）指由 25～35 个 L-氨基酸残基通过 α-羧基与 ε-氨基缩合形成的一种阳离子多肽聚合物。

3.060　4-羟脯氨酸

4-羟脯氨酸指由脯氨酸衍生来的一种非蛋白氨基酸，常存在于结缔组织的一种纤维状蛋白质胶原蛋白中，也存在于细胞壁蛋白中。

3.061　5-羟赖氨酸

5-羟赖氨酸指由赖氨酸衍生来的一种非蛋白氨基酸，常存在于结缔组织的一种纤维状蛋白质胶原蛋白中。

3.062　6-N-甲基赖氨酸

6-N-甲基赖氨酸指一种肌肉收缩蛋白质肌球蛋白的组成成分。

3.063　醛赖氨酸

醛赖氨酸指赖氨酸经酶促氧化脱氨生成的衍生物。存在于细胞外基质胶原和弹性蛋白中，参与有关蛋白质的交联，进而提高胶原和弹性蛋白的强度。

更新名词

3.064　游离氨基酸

食品样品研磨后与丙酮经过混合离心后上清液中的氨基酸称为游离氨基酸。

3.065　总氨基酸含量

食品样品研磨后添加 6mol/L 盐酸后在 110℃下水解 22h 后离心上清液中的氨基酸含量称为总氨基酸含量。

3.1.2　氨基酸物理性质

3.066　晶型

晶型指发育完好的单晶体所具有的特征外形。

3.067　熔点

熔点指固体将其物态由固态转变（熔化）为

液态的温度。

3.068 溶解度

溶解度指一定温度压力下的饱和溶液的溶质含量。通常用一定量溶剂所溶解溶质的量表示。固体或液体溶质的溶解度,常用100g溶剂所溶解的溶质质量来表示;气体溶质的溶解度常用100g溶剂所溶解气体的体积表示。

3.069 旋光性

旋光性指化合物在特定条件下引起线偏振光的偏振方向发生旋转的性质。对于氨基酸而言,旋光性通常是由其手性中心引起的。氨基酸的手性中心为 C_α,其有两种可能的构象:左旋和右旋。具有这种手性中心的氨基酸存在两种对映异构体,分别称为L-氨基酸和D-氨基酸。这些对映异构体会对经过其溶液的偏振光产生旋转,导致溶液表现出左旋或右旋的旋光性。

3.070 偶极电子

氨基酸在晶体和水溶液中主要以解离形式存在,分子中的羧基解离带上一个负电荷,而氨基则质子化带上一个正电荷。当氨基酸分子所带正电荷和负电荷等量时,整个分子呈现电中性状态,这种形式称为偶极离子。

3.1.3 氨基酸化学性质

3.071 生酮氨基酸

生酮氨基酸指经过代谢能产生酮体的氨基酸。

3.072 生糖氨基酸

生糖氨基酸指在代谢中可以作为丙酮酸、葡萄糖和糖原前体的氨基酸。

3.073 生酮生糖氨基酸

生酮生糖氨基酸指经过代谢,既能产生酮体,又能转化为葡萄糖的氨基酸。

3.074 氨基酸与亚硝酸反应

氨基酸与亚硝酸反应指氨基酸的氨基和其他的伯胺一样,在室温下与亚硝酸作用生成氮气。在标准条件下测定生成的氮气体积,即可计算出氨基酸的量。这是 Van Slyke 法测定氨基氮的基础。此法可用于氨基酸定量和蛋白质水解程度的测定。

3.075 氨基酸与酰化试剂反应

氨基酸与酰化试剂反应指氨基酸的氨基与酰氯或酸酐在弱碱溶液中发生作用时,氨基即被酰基化。

3.076 氨基酸烃基化反应

氨基酸烃基化反应指氨基酸 α-氨基上的一个氢原子可被烃基(包括环烃及其衍生物)取代。

3.077 希夫碱反应

希夫碱反应指氨基酸的 α-氨基能与醛类化合物反应生成弱碱,即所谓希夫碱反应,希夫碱是以氨基酸为底物的某些酶促反应(例如转氨基反应)的中间产物。

3.078 氨基酸脱氨基反应

氨基酸脱氨基反应指氨基酸在生物体内经氨基酸氧化酶催化即脱去 α-氨基而转变成酮酸。

3.079 成盐和成酯反应

成盐和成酯反应指氨基酸的 α-羧基作为酸可与碱作用成盐,与醇反应形成相应的酯。

3.080 氨基酸成酰氯反应

氨基酸成酰氯反应指氨基酸的氨基如果用适当的保护基(如苄氧甲酰基)保护后,其羧基可与二氯亚砜或五氯化磷作用生成酰氯。该反应可使氨基酸的羧基活化,使之与另一个氨基酸的氨基结合,因此在人工合成多肽中常用。

3.081 氨基酸脱羧基反应

氨基酸脱羧基反应指在生物体内氨基酸经氨基酸脱羧酶作用,放出二氧化碳并生成相应的一级胺。

3.082 叠氮反应

叠氮反应指氨基酸的氨基通过酰化加以保护,羧基经酯化转变为甲酯,然后与肼和亚硝酸反应即变成叠氮化合物。此反应使氨基酸的羧基活化,氨基酸叠氮化合物常用于肽的人工合成。

3.083 茚三酮反应

茚三酮反应指茚三酮在弱酸性溶液中与氨基酸共热,引起氨基酸氧化脱氨、脱羧反应,最后茚三酮与反应产物(NH_3 及还原茚三酮)发生作用,生成蓝紫色物质,该化合物最大吸收峰出现在 570nm 处。

3.084 成肽反应

成肽反应指由一个氨基酸的 α-氨基和另一个氨基酸的 α-羧基脱水缩合形成肽键的反应。

3.085 脱氨基作用

脱氨基作用指氨基酸失去氨基的过程,是机体氨基酸分解代谢的第一个步骤。分为氧化脱氨基和非氧化脱氨基两类。

3.086 转氨基作用

转氨基作用指 α-氨基酸和 α-酮酸之间的转氨基作用,α-氨基酸的 α-氨基在转氨酶的催化下转移到 α-酮酸的酮基上,原来的氨基酸生成相应的 α-酮酸,原来的 α-酮酸生成新的 α-氨基酸。

3.087 氧化脱氨基作用

氧化脱氨基作用指氨基酸先发生氧化(脱氢),再脱去氨基。

3.088 氨基转移反应

氨基转移反应指任意氨基酸在氨基转移酶作用下,把氨基转移到酶分子上,自身形成 α-酮酸。酶分子上的氨基酸转移到酮酸受体上,形成产物氨基酸,同时,酶再生。

3.089 联合脱氨基作用

联合脱氨基作用指转氨基作用与脱氨基作用相偶联。

3.090 解离曲线

解离曲线指氨基酸质子化的过程中,加入酸碱的量与对应 pH 形成的曲线。

3.1.4 氨基酸滋味

更新名词

3.091 呈味氨基酸

呈味氨基酸指一种非常典型的与风味物质有关的氨基酸,根据氨基酸所具有的特殊风味和与其他物质化学反应的现象,将这些氨基酸分为以下四类:甜味氨基酸、鲜味氨基酸、苦味氨基酸以及无味氨基酸,以下五种氨基酸通常被用来作为提味调味物质:天门氨酸、谷氨酸、组氨酸、精氨酸、丙氨酸。

3.092 苦味氨基酸

苦味氨基酸是一类具有特定结构的氨基酸,如苯丙氨酸和脯氨酸等。它们具有一个极性基团和一个疏水部分的结构,称为单极-疏水概念。存在食物中的苦味氨基酸通常会赋予食物一种苦涩的口感或气味。

3.093 甜味氨基酸

甜味氨基酸是一类具有特定结构的氨基酸,如L-苯丙氨酸和L-苏氨酸等。它们具有一个特殊的基团结构,其中一个电负性原子与氢原子共价结合,并且该基团周围约 0.3nm 处存在另一个电负性原子,可以与甜味受体结合形成氢键,从而产生甜味。此外,甜味氨基酸分子中通常含有两个极性基团和一个疏水基团,称为双极性-疏水概念。在水溶液中,这些氨基酸呈现出明显的甜味,因此被广泛应用于食品工业中,作为天然或人工甜味剂的成分之一。

3.094 鲜味氨基酸

鲜味氨基酸是一类特殊的氨基酸,如谷氨酸和天冬氨酸等。它们的分子结构中含有两个羧基和一个氨基,使得它们与其他氨基酸有所区别。这些氨基酸能够增强食物的鲜味和风味,使食物更加美味可口。

3.1.5 其他

3.095 氨基酸分析仪

氨基酸分析仪指专门用于分析氨基酸的液相色谱仪。

3.096 氨基酸序列仪

氨基酸序列仪又称蛋白质序列仪、多肽序列仪,是一种用于测定蛋白质分子一级结构或部分结构的仪器。仪器可为 DNA 序列分析找出探针序列,也可用于鉴定蛋白质纯度,鉴定人工合成或基因工程表达的活性肽产物,研究蛋白质结构和功能的关系,测定蛋白质或多肽的活性片段,以确定底物和酶的结合位点及催化位点。氨基酸序列仪是利用 Edman 降解法的原理将氨基酸从蛋白质分子的氨基末端逐个降解下来,并将其转化为性能较为稳定的 PTH 氨基酸,进行鉴定,分析出氨基酸的排列顺序。

3.097 氨基酸平衡

氨基酸平衡指食物或饲料中各种必需氨基酸的含量及其比例与人或动物对必需氨基酸需要量之间的相对比值一致或很接近的状况。

3.098 氨基酸有效性

氨基酸有效性指食物或饲料蛋白质中的氨基酸能被人或动物吸收或利用的程度。它取决于蛋白质消化率、酶抑制剂及抗酶多肽的存在,以及氨基酸在肠道的释放速度。由于吸收后不被利用的氨基酸在吸收的氨基酸总量中所占比例很小,故将消化率和利用率等同看待,但严格说来是有区别的。

3.099 兴奋性氨基酸

兴奋性氨基酸指 L-谷氨酸、L-天冬氨酸及其人工合成的类似物。如红藻氨酸 N-甲基-D-天冬氨酸等,在中枢神经系统是兴奋性神经递质,可能起长程增强和兴奋性毒素的作用。已发现 3 种类型受体。

3.2 功能与活性机制

3.2.1 营养

3.100 氨基酸模式

氨基酸模式指蛋白质中各种必需氨基酸的构成比例。用于反映人体蛋白质和食物蛋白质在必需氨基酸的种类与含量上的差异。

3.101 氨基酸评分

氨基酸评分指被测食物蛋白质的必需氨基酸组成与推荐的理想蛋白质或参考蛋白质氨基酸模式进行比较,并计算氨基酸分值的方法。

3.102 限制性氨基酸

限制性氨基酸指食物蛋白质中含量相对较低,导致其他必需氨基酸在体内不能被充分利用而使蛋白质营养价值降低的一种或几种氨基酸。

3.103 经消化率修正的氨基酸评分

经消化率修正的氨基酸评分指氨基酸评分与蛋白质真消化率的乘积。

3.104 氨基酸评分模式

氨基酸评分模式指评价食物蛋白质营养价值所用参考蛋白质必需氨基酸的模式。

3.105 氨基酸库

氨基酸库指食物蛋白质经消化而被吸收的氨基酸(外源性氨基酸)与体内组织蛋白质降解产生的氨基酸(内源性氨基酸)的总称。分布于体内各处,参与代谢。

3.106　儿童用复方氨基酸

儿童用复方氨基酸指根据儿童氨基酸代谢特点进行配方的肠外营养用氨基酸制剂。含有较高浓度的儿童必需氨基酸，即组氨酸、酪氨酸和半胱氨酸。减少儿童体内代谢缓慢的苯丙氨酸、甲硫氨酸和甘氨酸，并适当增加牛磺酸含量。

3.107　氨基酸代谢库

氨基酸代谢库指体内分布于各组织及体液中、参与代谢的游离氨基酸的总和。

3.108　组织特需氨基酸

组织特需氨基酸指为生长迅速的细胞所特需，人体血浆和细胞内外游离氨基酸代谢库中最丰富的氨基酸。其具有多种生理功能，有静脉用制剂和胃肠道内用制剂供临床使用。如果谷氨酰胺缺乏，可能出现肠黏膜萎缩、细菌移位及免疫功能下降。

3.109　肝病用复方氨基酸

肝病用复方氨基酸指主要由 3 种支链氨基酸（异亮氨酸、亮氨酸和缬氨酸）配合其他 12~17 种氨基酸配制而成的肠外营养用氨基酸制剂。其中，支链氨基酸为肝外代谢的必需氨基酸，主要在骨骼肌中代谢，可以纠正肝病患者的氨基酸代谢紊乱，调整支链氨基酸与芳香氨基酸的比例失调。常用于肝硬化所致肝昏迷患者，可能有减轻症状的作用，但不能延长患者生存时间。

3.110　肾病用复方氨基酸

肾病用复方氨基酸指由 9 种 L-氨基酸组成的肠外营养用氨基酸制剂。纠正慢性肾衰竭患者体内必需氨基酸不足，使体内蛋白质合成增加，使储留在体内的部分尿素氮有可能合成为非必需氨基酸而再利用。适用于非终末期慢性肾衰竭患者、发生营养不足的透析患者。但临床有效性方面有待高质量临床研究支持。

3.111　氨基酸型肠内营养剂

氨基酸型肠内营养剂指以氨基酸作为氮源的肠内营养制剂，可以被小肠直接完全吸收利用，产生很少粪渣。多用于胃肠道功能不全患者，如短肠综合征、有营养风险的炎性肠病、慢性胰腺炎患者。

3.2.2　功能性代谢产物

3.112　δ-氨基-γ-酮戊酸

δ-氨基-γ-酮戊酸由甘氨酸与琥珀酰辅酶 A 反应生成，是卟啉生物合成过程中的一种重要中间物，最后生成血红素。

3.113　α-氨基己二酸

α-氨基己二酸指一种具有 2 个羧基的氨基酸，在哺乳动物中是赖氨酸和羟赖氨酸降解过程的中间产物，而在一些高等真菌和细菌中，也是赖氨酸生物合成的中间物。可进一步脱氨并经过氧化脱羧等步骤，最终产生酮体。

3.114　5-氨基酮戊酸

5-氨基酮戊酸学名为 5-氨基-4-氧代戊酸，

是卟啉合成通路上的第一个化合物,在动物细胞中最终合成血红素,在植物细胞中最终合成叶绿素。

3.115 白喉酰胺

白喉酰胺指一种经过修饰的组氨酸,存在于真核生物蛋白质合成延伸因子 EF-2 的多肽链中,因是白喉毒素作用的靶点而得名。其可以被 ADP-核糖基化,导致 EF-2 失活。

3.116 吡啶甲酸

吡啶甲酸指色氨酸的分解代谢产物,吡啶环上带有一个羧基,有络合金属离子的作用。

3.117 丙酮酸

丙酮酸指糖类和大多数复基酸分解代谢过程中的重要中间产物。糖酵解过程中,由磷酸烯醇式丙酮酸产生。每分子葡萄糖产生 2 分子丙酮酸,进入柠檬酸循环继续氧化分解。在无氧呼吸中丙酮酸可以转化为乳酸或乙醇,其产物会随尿液排泄。

3.118 丙酮酸脱酶复合体

丙酮酸脱酶复合体指丙酮酸氧化脱羧形成乙酰辅酶 A 的多酶复合体,由 E1 丙酮酸脱氢酶、E2 硫辛酰还原转乙酰基酶、E3 二氢硫辛酰胺脱氢酶组成。是机体中一种非常重要的多酶复合体,沟通了糖酵解和三羧酸循环 2 个代谢途径。人的丙酮酸脱氢酶为异源四聚体。α 亚基和 β 亚基分别由 361 个和 329 个氨基酸残基组成。

3.119 草酰琥珀酸

草酰琥珀酸指三羧酸循环(柠檬酸循环)的中间产物,由异柠檬酸脱氢产生。

3.120 草酰乙酸

草酰乙酸由丙酮酸羧化或由一些氨基酸脱氨后生成。与乙酰辅酶 A 缩合成柠檬酸而启动三羧酸循环。

3.121 多胺

多胺指含有 2 个及以上氨基的有机化合物,在生物体内有精胺、腐胺和尸胺等,可由碱性氨基酸脱羧代谢后得到。具有生长因子活性,可改变离子通道的功能。

3.122 多巴

多巴学名为 3,4-二羟苯丙氨酸,是一种氨基酸,是生物体内合成神经递质多巴胺的前体。

3.123 多巴胺

多巴胺学名为 3,4-二羟苯乙胺,为酪氨酸(芳香族氨基酸)在代谢过程中经二羟苯丙氨酸所产生的中间产物。

3.124 琥珀酸

琥珀酸学名为丁二酸。三羧酸循环中的重要中间物,由 α-酮戊二酸生成,脱氢产生延胡索酸。在乙醛酸循环中,可由异柠檬酸裂解产生,然后进入三羧酸循环。

3.125 酵母氨酸

酵母氨酸学名为 2-[(5-氨基-5-羧基-戊基)-氨基]戊二酸。可视为赖氨酸的 ε-氨基和谷氨酸的氨基脱氨后的产物,因最初发现于酵母中而得名。是赖氨酸代谢的中间产物,由赖氨酸和 α-氧戊二酸缩合而成,经脱氢酶作用,生成谷氨酸。

3.126 精氨酸基琥珀酸

精氨酸基琥珀酸指鸟氨酸循环的中间产物,由瓜氨酸与天冬氨酸缩合形成,可进一步释放出延胡索酸而生成精氨酸。

3.127 精胺

精胺学名为 N,N-二氨丙基丁二胺。一种体内多胺分子。由亚精胺(N-氨丙基丁二胺)进一步添加氨丙基生成。氨丙基由脱羧的腺苷基甲硫氨酸提供。在动物精子中含量较多,可促进细胞增殖,也存在于植物的分生组织中,有刺激细胞分裂和生长等作用。

3.128 赖氨酸加压素

赖氨酸加压素又称8-赖氨酸加压素。加压素家族成员,分子中以赖氨酸残基替代了常见加压素中第8位的精氨酸残基。

3.129 酪胺

酪胺学名为4-羟基-苯乙胺。酪氨酸的脱羧产物,广泛存在于动物和植物中,可被单胺氧化酶进一步代谢。在食物中,经常因为发酵后的酪氨酸脱羧而产生。

3.130 酪蛋白氨基酸

酪蛋白氨基酸指酪蛋白的不完全酸水解物,是培养微生物的常用复营养源。

3.131 联赖氨酸

联赖氨酸是指在骨、软骨和肌腱等钙化组织

中,赖氨酸残基的侧链经氧化还原反应后形成的交联产物的统称。最简单的是2个赖氨酸残基侧链的交联,其中1个产物是羟赖氨基醛醇。最多的为5个赖氨酸残基侧链的交联,其中包括锁链素。

3.132 莽草酸

莽草酸学名为3,4,5-三羟基-1-环己烯-1-羧酸,是植物及微生物中的苯丙氨酸、酪氨酸及色氨酸生物合成中间物。由磷酸烯醇丙酮酸和赤藓糖-4-磷酸反应后环化产生。是各种芳香族化合物的来源,也是一些次生代谢产物的重要原料。

3.133 免疫受体酪氨酸激活模体

免疫受体酪氨酸激活模体又称抗原识别激活模体,是一种免疫细胞激活性受体分子胞内段的特定结构,其酪氨酸残基发生磷酸化,可招募含—SH_2结构域的各种蛋白激酶和衔接蛋白,参与启动信号转导。

3.134 免疫受体酪氨酸抑制模体

免疫受体酪氨酸抑制模体又称抗原识别抑制模体,是一种免疫细胞抑制性受体分子胞内段的特定结构,其酪氨酸残基发生磷酸化,可招募含—SH_2结构域的各种蛋白磷酸酶,通过脱磷酸化而抑制信号转导。

3.135 鸟氨酸

鸟氨酸学名为2,5-二氨基戊酸,是一种碱性氨基酸,赖氨酸的同系物。在生物体中为 L-α-氨基酸。不是基因编码的蛋白质中常见的氨基酸。由精氨酸降解脱尿素生成,是鸟氨酸循环的起始物质,是尿素循环中的重

要一环,也是一些多胺的起始物质。不直接
参与蛋白质生物合成。

3.136 鸟氨胭脂碱

鸟氨胭脂碱又称脑脂鸟氨酸,是一种冠瘿氨
基酸,其中的氨基酸部分为鸟氨酸。是一类
由农杆菌产生的特异代谢物。

3.137 尿刊酸

尿刊酸学名为β-咪唑丙烯酸,由组氨酸在
体内经酶催化脱氨产生。可进一步降解释
放亚氨甲酰基生成谷氨酸。存在于犬尿中。

3.138 柠檬酸

柠檬酸指在自然界中分布很广的一种三羧
酸化合物,是构成三羧酸循环(柠檬酸循环)
的关键物质,是将脂肪、蛋白质和糖转化为
二氧化碳过程中的重要化合物。

3.139 苹果酸

苹果酸又称2-羟基丁二酸,是三羧酸循环
中重要的中间产物,由反丁烯二酸水化生
成,进一步脱氢产生草酰乙酸。在苹果酸-
天冬氨酸循环中也起重要作用。

3.140 γ-羟基丁酸

γ-羟基丁酸指乙酰乙酸的还原产物,是酮体
的主要成分。

3.141 羟基磷酸丙酮酸

羟基磷酸丙酮酸指磷酸甘油酸生成丝氨酸
的中间产物。由磷酸甘油酸脱氢生成,进一
步转氨基和脱磷酸形成丝氨酸。

3.142 羟基犬尿氨酸

羟基犬尿氨酸指 L-色氨酸代谢的中间产
物,是黄尿酸的前体。人体缺乏维生素 B_6
时,其含量升高。

3.143 5-羟色氨酸

5-羟色氨酸广泛存在的一种天然氨基酸,由
色氨酸羟化生成,脱羧基后得到5-羟色胺
(血清素)。

3.144 5-羟色胺

5-羟色胺又称血清素,由色氨酸经羟化产生
5-羟色氨酸,再脱羧生成。广泛存在于哺乳
动物组织中。在大脑皮层质及神经突触内
含量很高,是一种抑制性神经递质。在外周
组织中是一种强血管收缩剂和平滑肌收缩
刺激剂。

3.145 犬尿酸

犬尿酸是色氨酸分解代谢的产物之一,是犬
尿酸原(犬尿氨酸)脱氨后环化形成的杂环
有机酸,可随尿排出。

3.146 犬尿酸原

犬尿酸原又称犬尿氨酸,学名为邻氨基苯甲酰
丙氨酸,是色氨酸分解代谢的重要中间产物。
存在于微生物和正常的动物尿中,可进一步降
解成犬尿酸、黄尿酸及邻氨基苯甲酸等。

3.147 尸胺

尸胺又称戊二胺,学名为1,5-二氨基戊烷,
由赖氨酸经细菌酶脱羧产生,广泛存在于生
物体中的正常成分,也存在于腐败物中,有

尸臭味。

3.148 顺乌头酸

顺乌头酸指三羧酸循环中重要的三羧酸中间产物，在柠檬酸转变为异柠檬酸时生成。

3.149 γ-谷氨酸

γ-谷氨酸指一种经修饰的谷氨酸，在 γ-谷氨酰羧化酶作用下，谷氨酸残基侧链的 C_γ 上增加了一个羧基。此种氨基酸存在于很多凝血因子中，例如 Fa II、Fa VII、Fa IX 和 Fa X，以及蛋白 C、S 和 Z 中，为结合 Ca^{2+} 所必需。

3.150 α-酮丁酸

α-酮丁酸指苏氨酸的脱水产物，是异亮氨酸的前体。也是甲硫氨酸降解过程中产生胱硫醚，再裂解的产物（另一产物是半胱氨酸）。

3.151 酮体

酮体指乙酰乙酸、β-羟丁酸和丙酮的统称。可满足机体尤其是脑的能量需求，但代谢发生障碍时，其大量产生会导致酮血症，继而产生酮尿。

3.152 α-氨基丙酸

α-氨基丙酸是一种氨基酸，又称丙氨酸。α-氨基丙酸是蛋白质的组成部分之一，是由蛋白质合成中的核苷酸和代谢途径中的糖酵解过程产生的。

3.153 L-茶氨酸

L-茶氨酸大量存在于茶树的嫩茎和茶叶等

中，可由 L-谷氢酸、无水氨基乙烷等经高压、加热制得。它是一种调味料，主要用作绿茶风味增强剂。

3.154 大蘑氨酸

大蘑氨酸又称口蘑酸、口磨氨酸，存在于伞草科毒蝇蕈中，对家蝇有强烈的杀灭作用。味鲜美，超过谷氨酸钠，与以核酸为基础的调味剂合用味更鲜美。

3.155 蛋氨酸羟基类似物

蛋氨酸羟基类似物是 DL-蛋氨酸合成过程中氨基由羟基所代替的一种产品，又称液态羟基蛋氨酸。

3.156 多聚甘氨酸

多聚甘氨酸(polyglycine)是一种由多个甘氨酸残基通过肽键连接而成的多肽链。甘氨酸是最简单的氨基酸，其侧链仅由一个氢原子组成。由于甘氨酸的侧链非常小，多聚甘氨酸具有高柔韧性和独特的结构特点，通常形成无规卷曲结构或紧密的 β-折叠结构。因其简单的结构而具有特定的物理化学性质，如高柔韧性和低空间障碍。它可以作为研究蛋白质结构和功能的模型系统。研究多聚甘氨酸有助于理解多肽和蛋白质的基本物理化学特性。

3.157 医用聚氨基酸

医用聚氨基酸指 α-氨基酸分子间互以氨基和羧基缩合而成的聚合物，即多肽，又称生物塑料，具有优良的生物相容性和抗凝血性。其薄膜可用作人工皮肤和人工肺的膜材料。α-氨基酸的聚合物在人体内可通过水解和酶解变成无害的 α-氨基酸，逐渐吸收代谢,适用作可吸收缝线、药物载体或隔离材料等。

3.158　乙酰辅酶 A

乙酰辅酶 A 是辅酶 A 的活化形式,在乙酰化作用中辅酶 A 转运乙酰基形成的产物。它是脂肪酸合成、胆固醇合成和酮体生成的碳来源,能源物质代谢的重要中间代谢产物,参与各种乙酰化反应,是糖类、脂肪和蛋白质彻底氧化的中间代谢产物,以进入三羧酸循环。

3.159　生物素

生物素即维生素 H,是复合维生素 B 的一种,在羧化、脱羧和转羧化反应中起辅酶作用。能与蛋白质、核酸共价结合,在许多生化技术中作为标志物,生物素-抗生物素蛋白系统在抗体、激素、核酸等研究中有重要作用。

3.160　肌酸

肌酸学名为 N-甲基胍乙酸,是一种天然氨基酸,由精氨酸、甘氨酸及甲硫氨酸在体内合成,肌肉等组织中储存高能磷酸的物质。可以快速增加肌肉力量,促进新肌增长,加速疲劳恢复,提高爆发力。用于治疗进行性肌营养不良症。

3.161　色胺

色胺是色氨酸脱羧的产物,是一种单胺类生物碱的基本骨架,有升高血压的作用。其衍生物呈现明显的生物学活性,如 5-羟色胺是重要的神经递质。

3.162　高精氨酸

高精氨酸学名 N-6-脒基赖氨酸。与精氨酸相比,侧链中多一个亚甲基。是金黄色葡萄球菌和白色念珠菌的生长抑制剂,其机理可能是模拟了精氨酸,起到抗代谢作用。

3.163　高丝氨酸

高丝氨酸学名为 L-2-氨基 4-羟基丁酸。与丝氨酸相比,侧链的主链中多一个亚甲基。苏氨酸、甲硫氨酸、异亮氨酸和胱硫醚生物合成的中间产物,也出现于细菌的肽聚糖中。蛋白质经溴化氰处理时,肽链在甲硫氨酸处发生断裂,甲硫氨酸转变为高丝氨酸。

3.164　牛磺酸

牛磺酸学名为 2-氨基乙醇磺酸,广泛存在于动物组织中,为半胱氨酸氧化脱羧的产物,参与许多生理过程,如抑制神经的传递、稳定生物膜等。

3.165　苯乙尿酸

苯乙尿酸又称苯乙酰甘氨酸,指由苯乙酸与甘氨酸结合生成的化合物,是苯乙酸解毒和自尿中排出的形式。

3.166　苯基硫甲酰氨基酸

苯基硫甲酰氨基酸指在形成乙内酰苯硫脲氨基酸时的中间物。缩写为 PTC-氨基酸。

3.167　乙内酰苯硫脲氨基酸

乙内酰苯硫脲氨基酸指异硫氰酸苯酯与氨基酸、多肽或蛋白质的游离 α-氨基反应形成的氨基酸衍生物。

3.168 α-氨基己二酸酯

α-氨基己二酸酯是赖氨酸合成中的一种中间产物,是谷氨酸受体的竞争性抑制剂。

3.169 γ-氨基丁酸途径

γ-氨基丁酸途径是三羧酸循环的一种变体,其中 α-氧代戊二酸通过转氨基作用或还原胺化作用转化为 L-谷氨酸。谷氨酸脱羧生成 γ-氨基丁酸,经脱氨基和氧化生成琥珀酸后,可重新进入三羧酸循环。该途径发生于脑组织,推测是为了形成和分解代谢 γ-氨基丁酸,在绿色植物中也很突出。

3.170 α-氨基异丁酸

α-氨基异丁酸又称 2-甲基丙氨酸,学名为 2-氨基-2-甲基丙酸,化学式为 $(CH_3)_2C(NH_2)COOH$;一种用于代谢和其他研究的不可代谢的氨基酸类似物。

3.171 α-酮戊二酸

α-酮戊二酸可以由谷氨酸氧化脱氨得到,或由异柠檬酸氧化脱氢产生,是三羧酸循环中重要的中间产物,是谷氨酰胺代谢过程中产生的一种弱酸。与谷氨酰胺相比,其更便宜、更稳定,在许多细胞过程中都是谷氨酰胺的理想替代品,是一种潜在的营养工具,可以预防和对抗肥胖及其相关的代谢紊乱。

更新名词

3.172 γ-氨基丁酸

γ-氨基丁酸是一种抑制性神经介质,由谷氨酸在体内脱去 α-羧基后生成。在神经系统中,其和特异性受体结合后,使质膜中的离子通道开放,使 Cl^- 进入细胞内,K^+ 流到细胞外,导致细胞的超极化。在突触形成前,其是自分泌和旁分泌的调节分子。外周器官中,甚至在植物的信号转导中也可能有其参与。是由几种乳杆菌和双歧杆菌菌株产生的神经活性物质。

3.173 吲哚丙酸

吲哚丙酸是色氨酸的一种细菌代谢产物,可以有效降低啮齿类动物的肠道通透性。

3.174 三甲基甘氨酸

三甲基甘氨酸又称甜菜碱,是甘氨酸的甲基衍生物,是一种生物活性化合物,存在于许多饮食成分中,如甜菜汁、小麦胚芽、菠菜、虾和一些烘焙产品,具有代谢活性如对脂类代谢。

3.175 β-氨基异丁酸

β-氨基异丁酸(BAIBA)学名为 3-氨基 2-甲基丙酸,是机体中一些代谢过程的中间产物。它有两种不同的异构体:R-β-氨基异丁酸是胸腺嘧啶降解产物,如果 R-β-氨基异丁酸-丙酮酸转氨酶缺损,会导致尿中 R-β-氨基异丁酸过量;而 S-β-氨基异丁酸则是缬氨酸的代谢产物。β-氨基异丁酸脱氨后可进入三羧酸循环氧化,部分随尿排出,有些肿瘤患者尿中排泄增多。由两个对映体组成:D-BAIBA(R-BAIBA)和 L-BAIBA(S-BAIBA)。D-BAIBA 是胸腺嘧啶的分解代谢物,而 L-BAIBA 则源于 L-缬氨酸的降解,是一种小分子肌动蛋白,其产量在运动和肌肉收缩过程中增加,有助于人体在运动诱导的保护下免受代谢风险因素的影响。

3.176 β-羟基-β-甲基丁酸酯

β-羟基-β-甲基丁酸酯是亮氨酸的代谢衍生物,被公认为具有促进蛋白质合成、防止蛋白质降解和调节能量代谢的作用。鉴于其和亮氨酸之间的密切联系,其可能与亮氨酸具有相似的属性,并在治疗肥胖症方面具有巨大的前景。

3.177 硫代葡萄糖苷

硫代葡萄糖苷是由一系列氨基酸合成的,包括蛋氨酸、色氨酸和苯丙氨酸。

3.2.3 有害代谢产物

3.178 苯丙酮酸

苯丙酮酸指苯丙氨酸的一种异常代谢产物。基因缺陷时,肝脏缺乏苯丙氨酸羟化酶,不能产生酪氨酸,而经旁路途径由氨基转移酶氧化脱氨生成。产物堆积在组织和血液中,从尿中大量排出,导致苯丙酮尿症。

3.179 亮氨碱

亮氨碱又称冠瘿亮氨酸,学名为 $N-\alpha-(1,3$ 二羧丙基)-L-亮氨酸,是一种冠瘿碱,胭脂氨酸的类似物,存在于某些冠瘿瘤中的特征性超强毒性化合物。

3.180 组胺

组胺由组氨酸脱羧基形成,广泛分布在哺乳动物的组织中,可用组氨粉为原料发酵制得。组胺为组胺酶和咪唑-N-甲基转羧酶所灭活。在中枢神经系统中的某些部位,特别是下丘脑含有组胺,它存在于突触体内,可能是中枢神经的一种介质。它还可能与外周神经的感觉及传导有密切关系。

3.181 腐胺

腐胺又称丁二胺,学名为 1,4-二氨基丁烷,是鸟氨酸的酶促脱羧产物,广泛存在于生物体和腐败物中,具有极臭味。

3.182 尿黑酸

尿黑酸学名为 2,5-二羟苯乙酸,是苯丙氨酸及酪氨酸分解代谢的重要中间产物,进一步代谢产生反丁烯二酸和乙酰乙酸,如代谢发生障碍,则在尿中排出,可被空气氧化成黑色。

3.2.4 代谢与疾病

3.183 氨基酸代谢缺陷症

氨基酸代谢中缺乏某一种酶,可能引起疾患,这种疾病称为氨基酸代谢缺陷症。由于某种酶的缺乏,致使该酶的作用物在血或尿中大量出现。这种代谢缺陷属于分子疾病。其病因和 DNA 分子突变有关,往往是先天性的,又称先天性遗传代谢病。这类先天性代谢缺陷症,大部分发生在婴儿时期,常在幼年就导致死亡,发病的症状表现有智力迟钝、发育不良、周期性呕吐、沉睡、搐搦、共济失调及昏迷等。目前发现的氨基酸代谢病已达 30 多种。

3.184 苯丙酮尿症

苯丙酮尿症是一种常染色体隐性遗传病。患者肝脏中缺乏苯丙氨酸羟化酶,不能将苯丙氨酸转化为酪氨酸,尿中出现苯丙酮,血液和组织中有过量的苯丙氨酸及其代谢物。苯丙酮尿症有时又称 Foiling 病。致病基因位于人 12q24.1 染色体,含有 13 个外显子,编码由 450 个氨基酸组成的苯丙氨酸羟化酶。患儿可出现先天性痴呆。在新生儿早期,严格控制摄食苯丙氨酸,有利于预防智力发育迟缓。

3.185 高氨酸血症

高氨酸血症指昆虫血淋巴中氨基酸含量高的症状的疾病。

3.186 组氨酸血症

组氨酸血症是人的一种基因型遗传性代谢缺陷,特点为血和尿中的组氨酸含量增多。这是由于在组氨酸分解代谢中起作用的组氨酸酶缺乏所致。

3.187 高赖氨酸血症

高赖氨酸血症是一种常染色体隐性遗传病,发病机制与赖氨酸 α-酮戊二酸还原酶缺陷有关,主要表现为血、尿和脑脊液中赖氨酸浓度增高,精神和运动功能发育停滞,身材短小,肌张力减退等。

3.188 赖氨酸尿性蛋白不耐受

赖氨酸尿性蛋白不耐受是由 *SLC7A7*(14q11.2)

基因突变导致的一种常染色体隐性遗传病,为 II 型二碱基氨基酸尿症。患儿因阳离子氨基酸转运体缺陷导致无法正常代谢阳离子氨基酸(赖氨酸、精氨酸和鸟氨酸),断乳后会发生呕吐、腹泻。

3.189 高甲硫酸血症

高甲硫酸血症是一种人体基因遗传性代谢缺陷。它是由于缺乏能催化甲硫氨酸转变为 S-腺苷甲硫氨酸的甲硫氢酸腺苷转移酶所致。

3.190 丙酮酸尿症

丙酮酸尿症是人体的一种基因遗传性代谢缺陷。若在童年时期未治愈则表现智力低下,本病由苯丙氨酸羟化酶的缺乏引起。

3.191 血脯氨酸过多

血脯氨酸过多是一种人体的基因遗传性代谢缺陷。1 型血脯氢酸过多是由于缺乏脯氨酸氧化酶所致。而 2 型血脯氨酸过多是由于缺乏吡咯-5-羧酸盐还原酶所致。

3.192 血缬氨酸过多

血缬氨酸过多是人体的一种基因遗传性代谢缺陷,由缺乏缬氨酸转氨酶所致。

3.193 精氨基琥珀酸血症

精氨基琥珀酸血症是人体中的一种遗传性的代谢缺陷,是由精氨基琥珀酸酶不足引起的。

3.194 精氨基琥珀酸尿症

精氨基琥珀酸尿症是人体的一种基因遗传性代谢缺陷,伴有智力迟钝,特征为血中精氨基琥珀酸浓度高、并从肾大量排出,是由精氨基琥珀酸裂合酶缺乏所致。

3.195 高精氨酸血症

高精氨酸血症是人体的一种基因遗传性代谢缺陷。特征是血和尿中精氨酸升高,由尿素循环中精氨酸酶缺乏所致。

3.196 高丙氨酸血症

高丙氨酸血症是人体的基因遗传性代谢缺陷。它是由丙酮酸的代谢阻断,如丙酮酸羧化酶和丙酮酸脱氢酶的缺陷引起的。

3.197 高氨血症

高氨血症是人体的一种基因遗传性代谢缺陷,1型血氨过多是由缺乏鸟氨酸氨甲酰基转移酶所致,2型血氨过多是由缺乏氨甲酰基磷酸合酶所致。

3.198 羟脯氨酸血症

羟脯氨酸血症是人体的一种基因遗传性代谢缺陷。特征为血浆和尿中羟脯氨酸浓度增高,这是由缺乏羟脯氨酸氧化酶所致。

3.199 槭糖尿病

槭糖尿病是人体的一种基因遗传性代谢缺陷,表现为智力发育迟钝。其特点是尿中存在有由缬氨酸、亮氨酸、异亮氨酸等产生的酮酸,是由缺乏酮酸脱羧酶所致。

3.200 甲基二酸血症

甲基二酸血症是人体的一种基因遗传性代谢缺陷,其特征是严重的酮症,因为缺乏甲基丙二酰辅酶 A 羧基变位酶,涉及异亮氨酸、甲硫氨酸、苏氨酸及缬氨酸代谢途径。

3.201 异戊酸血症

异戊酸血症是人体的一种基因遗传性代谢缺陷。其特点是:由于异戊酰辅酶 A 脱氢酶的缺陷而导致血和尿中 α-酮异戊酸水平增高,涉及亮氨酸代谢途径。

3.202 高胱氨酸尿症

高胱氨酸尿症又称同型胱氨酸尿,是一种人体基因遗传性代谢缺陷,伴有智力障碍。其特点为在尿中出现过量的高胱氨酸。由于缺乏在半胱氨酸代谢中起作用的胱硫醚合酶,涉及甲硫氨酸代谢途径。

3.203 尿黑酸尿症

尿黑酸尿症是人体的一种基因遗传性代谢缺陷。其特征是尿中因排泄尿黑酸而呈黑色,这种缺陷是由于缺乏尿黑酸氧化酶,此酶对苯丙氨酸和酪氨酸代谢起作用。

3.204 白化病

白化病是由于酪氨酸酶的缺陷,有些动物的眼、皮肤、毛发细胞中不能形成黑色素。人类的白化病属常染色体隐性遗传。编码酪氨酸酶的 *TYR* 基因位于 11q14-q21;它含有 5 个外显子,其 mRNA 长 2384nt,已鉴别出 90 多个突变位点。酪氨酸酶的这种改变是对热敏感的。所以小鼠、兔子等动物的喜马拉雅白化是对温度敏感的。

更新名词

3.205　非天然氨基酸

非天然氨基酸是一种不被现有遗传密码指定的氨基酸,只编码 20 个氨基酸,不由现有的 64 种遗传密码子编码。

3.206　支链氨基酸拮抗作用

亮氨酸是信号传递中最重要的支链氨基酸,过多的亮氨酸会改变缬氨酸和异亮氨酸的水平,称为支链氨基酸拮抗作用。

3.3　分析检测

3.3.1　氨基酸分析过程中物理与化学现象

3.207　离子交换树脂

离子交换树脂指带有官能团(有交换离子的活性基团)、具有网状结构、不溶性的高分子化合物,通常是球形颗粒物。

3.208　强酸性阳离子交换树脂

强酸性阳离子交换树脂指含有强酸性交换基团磺酸基($-SO_3H$)等的一类树脂。由于含强酸性基团,其电离程度不随外界 pH 而变,所以使用时的 pH 一般没有限制。

3.209　弱酸性阳离子交换树脂

弱酸性阳离子交换树脂指含有弱酸性交换基团羧基($-COOH$)、酚羟基($-OH$)等的一类树脂。这种树脂的电离程度小,其交换性和溶液的 pH 有很大的关系。

3.210　强碱性阴离子交换树脂

强碱性阴离子交换树脂指含有强碱性交换基的一类树脂。强碱性阴离子交换树脂主要分成两类:一种含三甲胺基,另一种含二甲基-β-羟基-乙基胺基。

3.211　弱碱性阴离子交换树脂

弱碱性阴离子交换树脂指含有弱碱性交换基团伯胺基($-NH_2$)、仲胺基(2$-NH$),叔胺基(3$-N$)和吡啶基等的一类树脂。其交换能力随 pH 变化而变化,pH 越低,交换能力越强。

3.212　树脂颗粒度

树脂颗粒度指树脂颗粒在溶胀状态下的直径大小,一般用筛孔来表示。

3.213　树脂膨胀度

树脂膨胀度是表示干树脂吸收水分后体积增大的性能的一个参数。

3.214　树脂交联度

树脂交联度是表示离子交换树脂中交联剂的含量的一个参数,通常以质量比来显示。

3.215　树脂机械强度

树脂的使用和再生多次循环以后,仍能保持完整形状与良好性能,这是评定树脂应用价值的重要因素之一,即树脂的机械强度,又称耐磨性能。

3.216　树脂交换容量

树脂交换容量是表征树脂化学性能的重要数据,是用单位质量(干树脂)或单位体积(湿树脂)树脂所能交换离子的物质的量(mmol)来表示的。

3.217　树脂吸附

树脂吸附指氨基酸从料液中交换到树脂上的过程,分为正吸附和负吸附两种方法。

3.218　树脂解吸

树脂解吸指使用一定的洗脱剂将氨基酸从树脂上解吸下来的过程。

3.219　树脂再生

树脂再生指让使用过的树脂重新获得使用性能的处理过程。

3.220　树脂转型

树脂转型指树脂去杂后,为了发挥其交换性能,按照使用要求人为地赋予平衡离子的过程。

3.221　树脂毒化

树脂毒化指树脂失去交换性能后不能用一般的再生手段重获交换能力的现象,如大分子有机物或沉淀物严重堵塞孔隙,活化基团脱落,生成不可逆化合物等。

3.222　吸附法

吸附法指利用多孔性的固体吸附剂将水样中的一种或数种组分吸附于表面,再通过适宜溶剂、加热或吹气等方法将预测组分解吸,达到分离和富集的目的。

3.223　非多孔性固体

非多孔性固体是一种具有很小的比表面(单位体积的物质所具有的表面积)的固体。

3.224　粉末状活性炭

粉末活性炭是一种颗粒极细,呈粉末状,总表面积、吸附力和吸附量都特别大的活性炭,是活性炭中吸附力最强的一类。

3.225　颗粒状活性炭

颗粒状活性炭是一种颗粒较大,总表面积较小,吸附力及吸附量次于粉末状活性炭的一种活性炭。

3.226　锦纶-活性炭

锦纶-活性炭是以锦纶为黏合剂,将粉末状活性炭制成颗粒。其总表面积较颗粒状活性炭为大,较粉末状活性炭为小,其吸附力较二者皆弱。因为锦纶不仅单纯起一种黏合作用,它也是一种活性炭的脱活性剂,因此可用于分离前两种活性炭吸附太强而不易洗脱的化合物。

3.227　氨基酸两性解离性

氨基酸两性解离性指所有氨基酸都含有碱

性的氨基(或亚氨基)和酸性的羧基,因而能在酸性溶液中与质子结合而呈阳离子;也能在碱性溶液中与—OH 结合,失去质子而变成阴离子。它们是一种两性电解质,具有两性解离的特性。

3.228　简单分子萃取

简单分子萃取指利用物质在两种互不相溶的介质中溶解度或分配系数的不同,使溶质物质从一种介质内转移到另外一种介质中的萃取方法。

3.229　萃取技术

萃取技术指利用溶质在互不相溶的溶剂里溶解度的不同,用一种溶剂把溶质从溶质与另一溶剂所组成的溶液里提取出来的操作方法。

3.230　反应萃取

反应萃取指将化学反应与萃取结合在一起的化工单元操作。某些液相反应生成物在反应相内不稳定,为提高收率,在反应系统中加入萃取剂,以形成另一液相,使生成物从反应相中及时分离出来。

3.231　分离因素

分离因素指在同一体系内两种溶质的同样条件下分配系数的比值。

3.232　单级萃取

单级萃取指料液与萃取剂在混合过程中密切接触,让被萃取的组分通过相际界面进入萃取剂,直到组分在两相间的分配基本达到平衡的一种萃取技术。然后静置沉降,分离成为两层液体。

3.233　多级错流萃取

多级错流萃取指料液和各级萃余液都与新鲜的萃取剂相接触的一种萃取技术。萃取率较高,但萃取剂用量大。

3.234　多级逆流萃取

多级逆流萃取指料液与萃取剂分别从级联或板式塔的两端加入,在级间作逆向流动,最后成为萃余液和萃取液,各自从另一端离开的一种萃取技术。

3.235　连续逆流萃取

连续逆流萃取指在微分接触式萃取塔中,料液与萃取剂在逆向流动的过程中进行接触传质的一种萃取技术。

3.236　液膜萃取技术

液膜萃取技术指模仿生物膜输送物质的机理,应用人工制造的液膜进行的一种萃取技术。

3.237　反向微胶团技术

反相微胶团技术指利用反相微胶团在油相中形成的亲水空穴能选择性地溶解某些蛋白质分子的特性,分离萃取的方法。

3.238　氨基酸的精制

氨基酸的精制指将氨基酸发酵液进行进一步提纯的方法。

3.239　结晶技术

结晶技术指从液相或气相生成形状一致、有

规则排列的晶体的技术,是一种形成新相的过程。

3.240　重结晶技术

重结晶技术指将含有杂质的固体有机物在加热下溶解在适宜的溶剂中,使生成饱和溶液的技术。趁热过滤,去除其中的不溶物后,冷却使欲纯制的有机物重新结晶出来。

3.241　多晶型现象

多晶型现象指化学组成相同的物质,在不同的物理化学条件下,能结晶成两种或多种不同结构的晶体的现象,又称同质多象或同质异象。

3.3.2　氨基酸分析技术

3.242　核磁共振光谱

核磁共振光谱是光谱学的一个分支,是研究原子核对射频辐射的吸收,其共振频率在射频波段,相应的跃迁是核自旋在核塞曼能级上的跃迁。

3.243　电化学分析

电化学分析是应用电化学原理和技术,利用化学电池内被分析溶液的组成及含量与其电化学性质的关系而建立起来的一类分析方法。

3.244　氨基酸甲醛滴定

水溶液中的氨基酸为兼性离子,因而不能直接用碱滴定氨基酸中的羧基。甲醛可与氨基酸上的$—NH_3$结合,形成$—NH$、$—CH_2OH$、$—N(CH_2—OH)_2$等羟甲基衍生物,使$—NH_3$上的H^+游离出来,这样就可以用碱滴定$—NH_3$放出的H^+,测出氨基氮,从而计算氨基酸的含量。这种方法称为氨基酸甲醛滴定。

3.245　分配层析法

分配层析法是利用被分离物质在两相中分配系数的差别,用硅胶进行吸附水,水重为硅胶自身重量的50%,再装成柱体,然后将氨基酸混合物的溶液加到柱体上,这时用含少量丁醇的氯仿进行层析,即可实现氨基酸的分离。

3.246　纸层析法

纸层析法又称纸色谱法,是用纸作为载体的一种色谱法,其应用的原理是相似相溶原理,是通过分裂系的在同一介质中分散速度不同来分析的。

3.247　薄层层析法

薄层层析法是把吸附剂和支持剂均匀涂布在玻璃或塑料板上形成薄层后进行色层分离的分析方法。将检材中不同种类的化合物分离后,根据分离的各组分的R_f或荧光特性可确定各组分的种类。根据斑点的面积,配合薄层扫描仪可测定各组分含量。

3.248　气液层析法

气液层析法指固定相由固体的惰性载体和固定液构成,载体提供一个惰性表面,使基本不挥发的液体能够在其表面铺展成薄而均匀的液膜,成为分配平衡的一相,流动相为惰性气体的一种气相层析。

3.249　分光光度法

分光光度法是在特定波长处或特定波长范围内通过测定吸光度,对物质进行定性或定量分析的方法。

3.250　二阶微分光谱法

二阶微分光谱法是通过对反射光谱进行数学模拟,计算不同阶数的微分值,以提取不同的光谱参数的方法。

3.251　氨基酸总量测定

氨基酸不是单纯的一种物质,用氨基酸分析仪可直接测定出 17 种氨基酸(仪器价格昂贵,不能普遍使用),对于食品来说有时有很多种氨基酸可以同时存在于一种食品中,所以需要测定总的氨基酸量,它们不能以氨基酸百分率来表示,只能以氨基酸中所含的氮(氨基酸态氮)的百分率表示,当然,如果食品中只含有一种氨基酸,如味精中的谷氨酸,就可以从含氮量计算出氨基酸的含量。

3.252　对二甲基氨基苯甲醛法

对二甲基氨基苯甲醛法是通过色氨酸在强酸条件下与醛反应生成带色产物来进行测定的,颜色的深浅与色氨酸含量成直线关系。该带色物质的最大吸收峰为在 590nm,该法已广泛应用。

3.253　巯基测定

巯基测定是根据试剂与巯基反应后生成带色产物来测定的。主要方法有硫醇盐法,烷基化法和比色法,且比色法简单易行。

3.254　DNTB 测定

巯基基团能够与 5,5′-二硫代-双-(2-硝基苯甲酸)[5,5′-dithiobis(2-nitrobenzoic acid),DNTB]反应生成黄色的 2-硝基-5-巯基苯甲酸,产物在 412nm 处具有特征吸收峰,通过吸光度变化即可定量检测总巯基的含量。

3.255　萘醌测定

萘醌与巯基有当量加成关系,加成物在 420nm 左右有吸收峰,标准物和未知物在相同条件下测定,吸光度增加值与巯基浓度的关系在一定浓度范围内符合比尔定律,称为萘醌测定。

3.256　NTSB 法

当过量的亚硫酸钠与蛋白质反应时,蛋白质中的二硫键裂解。DTNB 会与亚硫酸盐反应,因此不能用来测定由亚硫酸盐裂解产生的蛋白质巯基的浓度。在这种情况下,2-硝基-5-硫代苯磺酸(NTSB,又称 5-硝基-2-巯基苯磺酸)可以用于巯基的测定,因为它不与过量的亚硫酸盐反应,但能与亚硫酸盐释放的巯基作用。实际测定中,含有二硫键的蛋白质与 NTSB 在暗处反应后,于 412nm 处测定光吸收。使用 NTSB 的消光系数 $1.14×10^4$ L/(mol·cm)计算巯基数,此巯基数即为蛋白质中二硫键的数量。

3.257　N-末端测定

组成蛋白质每条多肽链的第一个氨基酸与内部氨基酸不同,它具有 α-氨基,并称为氨基末端(简称 N-末端),化学方法和酶学方法都可用于氨基末端的测定。

3.258 DABITC 法

4-N,N-对甲氨基偶氮苯-4′-异硫氰酸酯（4－N，N－dimethylaminoazoben－zene－4′－thiocarbamoyl，DABITC）能与N-末端氨基反应生成DABTH-氨基酸，经层析分离后，用盐酸气熏即可出现红色斑点而进行鉴定，称为DABITC法。

3.259 氨肽酶裂解法

对于用丹磺酰氯法不能确定的N-末端或者要测定对酸水解不稳定的残基，可用氨肽酶裂解法，指氨肽酶从N-末端开始顺序切下残基，但由于切下的速度不同，使结果难以解释。氨肽酶具有较广的专一性和较弱的灵敏度。

3.260 封闭N-末端测定

N-末端残基受封闭的种类很多，例如乙酰化、甲酰化、焦谷氨酰环化、丙酰胺环化及个别多肽形成的环状分子等，对上述进行测定的方法统称为封闭N-末端测定。

3.261 C-末端测定

C-末端测定是指在生物学和生物化学领域中对蛋白质或多肽分子的C-末端（羧基末端）进行测定或分析。蛋白质或多肽的两个末端分别是N-末端（氨基末端）和C-末端（羧基末端），而C-末端测定主要关注的是蛋白质或多肽分子的C-末端。

3.262 还原法

还原法指用硼氢化锂将C-末端氨基酸还原

成相应的α-氨基醇。随后将此肽完全水解，水解物中将含有一个相当于原来的C-末端氨基酸的α-氨基醇分子，可用色谱法鉴别。

3.263 肽酶法

肽酶法指利用羧肽酶专一地从肽链的末端开始逐个降解，释放出游离氨基酸的方法。

3.264 甲醛滴定法

甲醛滴定法是指常温下，甲醛能迅速与氨基酸的氨基结合，生成羟甲基化合物，使上述平衡右移，促使—NH_3释放H^+，使溶液的酸度增加，滴定中和终点移至酚酞的变色域内（pH 9.0左右）。

3.265 盐酸水解法

盐酸水解法指在盐酸含量高于39%和常温的条件下进行水解的过程。

3.266 盐酸蒸汽水解法

盐酸蒸汽水解法指除盐酸直接加入样品中进行水解外，还可用盐酸蒸汽进行水解，适合于微量的蛋白质及肽类样品。

3.267 DABS 法

DABS法所用的衍生剂是4-二甲基氨基偶氮苯－4′－磺酰氯（4－dimethylaminoazo-benzene－4′－sulfonyl chloride，DABS），通过柱前衍生可以测定氨基酸含量，具有稳定性高、衍生操作简单、无干扰性副反应、检测限低的优点。

3.268　AccQ. Tag 法

AccQ. Tag 法的衍生剂为6-氨基喹啉基-*N*-羟基琥珀酰亚氨基甲酸酯。此反应剂能与伯氨基酸和仲氨基酸迅速反应,生成在395nm发射强荧光的高稳定性的脲。

3.269　天然蛋白水解法

以毛发、血粉及废蚕丝等蛋白质为原料,利用酸、碱或酶水解成多种氨基酸混合物,经提纯获得各种药用氨基酸的方法称为天然蛋白水解法,分为酸水解法、碱水解法及酶水解法三种。目前用水解法生产的氨基酸较少,主要有酪氨酸、胱氨酸、组氨酸、精氨酸、亮氨酸和丝氨酸。

3.270　酶水解法

酶水解法又称酶消化法,指在pH及常温条件下,用不同的酶使生物检材如组织、血液中呈结合状态的毒物解离和释放出来的过程。

3.271　碱水解法

碱水解法指原料浸提液即单宁水溶液在碱性条件下水解,然后用酸中和酸化即生成没食子酸。

3.272　发酵法

发酵法分为直接发酵法和前体添加发酵法。微生物利用碳源、氮源及盐类几乎可合成所有氨基酸,这种利用微生物直接发酵合成氨基酸的方法称为直接发酵法。目前绝大部分氨基酸皆可通过发酵法生产,其缺点是产物浓度低,设备投资大,工艺管理要求严格,生产周期长,成本高。加入特殊前体或中间产物为原料,通过微生物发酵获得氨基酸的方法称为前体添加发酵法。

3.273　酶转化法

利用酶工程技术,在特定酶的作用下使某些化合物转化生成相应氨基酸的方法称为酶转化法。该技术以特定氨基酸前体为原料,同时培养具有相应酶的微生物、植物或动物细胞,将两者置于生物反应器中,反应一段时间后将反应液分离纯化即可得到相应的氨基酸产品。

3.274　化学合成法

利用有机合成生产氨基酸的方法称为化学合成法。该合成法的优点就是制备品种不受限制,既可以制备天然氨基酸,还可以制备各种具有特殊结构的非天然氨基酸及其衍生物。但是合成的氨基酸都是外消旋体,所以工艺条件需考虑异构体拆分和分离。

3.275　溶解度法

溶解度法指依据不同氨基酸在水中或其他溶剂中的溶解度差异而进行分离的方法。例如,胱氨酸和酪氨酸均难溶于水,但在热水中酪氨酸溶解度较大,而胱氨酸溶解度无大变化,可以根据这个性质将混合物中胱氨酸、酪氨酸及其他氨基酸彼此分开。

3.276　离子交换法

离子交换法指利用离子交换剂对不同氨基酸和其他杂质吸附能力的差异进行分离的方法。离子交换法在工业成熟应用的例子较多,该法分离氨基酸处理量大,工艺比较成熟。

3.277　特殊试剂沉淀法

利用某些氨基酸与一些有机或无机化合物

形成不溶性衍生物沉淀,与其他氨基酸和杂质分离的方法称为特殊试剂沉淀法。

3.278 溶剂萃取法

溶剂萃取法是利用抗生素在不同 pH 条件下分别以游离酸、碱或者盐这些不同的状态存在时,在水及与水互不相溶的有机溶剂中溶解度不同的性质,使抗生素在发酵液相和有机溶剂相转移,以达到提纯和浓缩的目的。

3.279 还原烷基化

还原烷基化指以伯胺(或仲胺)代替氨与羰基化合物作用后再经氢化生成仲胺(或叔胺)的反应过程。

3.280 柱后反应法

柱后反应法又称柱后衍生法,指利用衍生反应使被测物与相应的试剂分析反应,以改变其物理或化学性质,使其被检测的方法。

3.281 柱前衍生法

柱前衍生法指被测组分先通过衍生化反应,转化为衍生化产物,然后再经过色谱柱进行分离的方法。这种衍生化方法是靠与带有发色基团或电化学活性基团的衍生化试剂反应使本来不能被检测的组分被检测出来,被测组分与衍生化试剂有选择地参与反应,而与样品的其他组分分离开,或者改变被测组分在色谱柱上的出峰顺序,使之有利于分离。

3.282 柱后荧光胺法

柱后荧光胺法利用荧光胺能在室温条件下迅速和一级胺发生反应的性质进行检测,其荧光产物的激发波长为 390nm,发射波长 475nm。次级胺可以用 N-氯代丁二酰亚胺(N-chlorosuccinimide,NCS)氧化生成相应的初级胺后再与荧光胺反应而检出。

3.283 邻苯二甲醛法

邻苯二甲醛法指邻苯二甲醛的醛基和汗液中的氨基酸、多肽、蛋白质或氨基葡萄糖等含氨基的等含氨基的化合物,在碱性(pH 9.5)和强还原剂(如巯基乙醇)存在的条件下,醛基和氨基结合生成希夫碱,在波长 350~340nm 紫外光激发下,可发出 450~455nm 波长的可见光。

3.284 PTC-AA 分析法

苯氨基硫甲酰衍生物(PTC-AA)分析法属柱前衍生法,源于 Edman 降解法测定蛋白质的一级结构。异硫氰酸苯酯(PITC)能在碱性条件下和氨基酸反应,生成 PTC-AA,此法能同时检出初级和次级氨基酸。

3.285 氨基酸直接分析法

氨基酸具有两性离子结构,在酸性介质中,以氨基阳离子状态存在,而在碱性介质中以羧基阴离子状态存在。氨基酸直接分析法是用疏水性薄壳型阴离子交换树脂为固定相,碱性溶液为流动相,阴离子交换分离,积分脉冲安培法直接检测的方法。

更新名词

3.286 顶空烘箱水解

顶空烘箱水解指使用气相色谱顶空烘箱作

为水解肽的温度源进行氨基酸水解的方法，并可以在±1℃范围内为水解提供准确和均匀的温度。

3.287　微波辅助水解

微波辅助水解指利用微波消解技术加快肽的水解速度，并在短时间内实现氨基酸的完全水解的水解方法。

3.288　相对氨基酸摩尔比

相对氨基酸摩尔比指蛋白质或多肽中各种氨基酸的数量相对于总氨基酸数量的比例，可以提供有关蛋白质组成和结构的信息，对于研究蛋白质的生物学功能和性质有重要作用。

3.289　氨基酸的吸收强度

氨基酸的吸收强度指测定氨基酸时所观察到的光谱吸收信号的强度。这种测定可以用于定量分析，了解样品中氨基酸的含量或测定其浓度。

3.290　衍生化程序

衍生化程序是一种利用化学变换把化合物转化成与其类似化学结构的过程，便于氨基酸的量化和分离的方式。

3.291　多反应监测

多反应监测是一种基于已知或假定的反应离子信息，有针对性地选择数据进行质谱信号采集，对符合规则的离子进行信号记录，去除不符合规则离子信号的干扰，通过对数据的统计分析获取质谱定量信息的质谱技术。

3.292　氨基酸的选择性酶降解

氨基酸的选择性酶降解指对于需要清除的蛋白质，通过其赖氨酸残基侧链 ε-氨基连接多聚泛素链（降解标签），继而在蛋白酶体中被降解的过程，是细胞生命过程中的重要环节。

3.293　氨基酸化学选择性

氨基酸化学选择性指在一定的反应条件下，优先对氨基底物分子中某一功能基团起化学反应。

3.294　氨基酸对映异构

氨基酸对映异构指分子式和构造式相同，构型不同并呈现镜像对映关系的立体异构现象。

3.295　氨基酸对映选择性

氨基酸对映选择性指反应优先生成一对氨基酸对映异构体中的某一种，或者是反应优先消耗氨基酸对映异构体反应物（外消旋体）中某一对映体。

3.296　氨基酸的基质效应

氨基酸的基质效应指检测系统在分析样品中的氨基酸时，处于氨基酸周围的基质对测定结果的影响。

3.4 氨基酸发酵

3.4.1 代谢途径

3.297 氨基酸发酵

氨基酸发酵指在以糖类和铵盐为主要原料的培养基中培养微生物,代谢积累特定的氨基酸的过程。

3.298 氨基酸发酵法

氨基酸发酵法指借助微生物具有合成自身所需各种氨基酸的能力,通过对菌料的诱变等处理,选育出各种营养缺陷型及抗性的变异株,以解除代谢调节中的反馈及阻遏,从而合成过量的某种氨基酸的方法。

3.299 无氧代谢-发酵作用

无氧代谢-发酵作用指在无氧条件下酵母发酵葡萄糖、果糖、甘露糖、半乳糖等己糖产生乙醇、二氧化碳,同时获得能量的过程。整个过程是经过由酶催化的十多步生化反应完成的,其中由葡萄糖形成丙酮酸的过程称EMP途径。

3.300 有氧代谢-呼吸作用

对于绝大多数酵母来说,有氧代谢是细胞生命所需能量的主要源泉。有氧代谢-呼吸作用指葡萄糖经EMP途径形成丙酮酸后,在有氧条件下再形成乙酰辅酶A,随后进入三羧酸循环(TCA循环)彻底氧化成二氧化碳和水。

3.301 逆反馈抑制

逆反馈抑制指根据反馈抑制的原理,用人工合成的产物类似物来反馈抑制代谢通路。如6-巯基鸟嘌呤核苷酸可抑制嘌呤核苷酸的合成。

3.302 合作反馈抑制

合作反馈抑制又称增效反馈抑制。这种反馈抑制不同于协同反馈抑制,也不同于积累反馈抑制。当任何一个终产物单独过剩时,只部分地反馈抑制第一个酶的活性。只有当两个终产物同时过剩存在时,才能引起强烈抑制,抑制程度大于各自单独存在的和。例如,催化嘌呤生物合成最初反应的谷氨酰胺磷酸核糖焦磷酸转氨酶,该酶分别受醋酸氯己定(GMP)、5′-肌苷酸二钠(IMP)等6-羟基嘌呤核苷酸和二磷酸腺苷(ADP)、单磷酸腺苷(AMP)等6-氨基嘌呤核苷酸的反馈抑制,但是在这两者混合(GMP+单磷酸腺苷AMP或5′-肌苷酸二钠IMP+二磷酸腺苷ADP等)时,抑制效果比各自单独添加时的还大。这可以说是嘌呤代谢终产物能够互相转换的合理机制。

3.303 假反馈抑制

假反馈抑制指结构类似物引起的反馈抑制。

3.304 交叉抑制

交叉抑制指在枯草芽孢杆菌生物合成途径中，各氨基酸不仅抑制自身分支途径的初始酶，色氨酸也抑制预苯酸脱水酶，苯丙氨酸和色氨酸在高浓度下也抑制预苯酸脱氢酶。

3.305 还原氨基化反应

谷氨酸脱氨酶所催化的还原氨基化反应中，α-酮戊二酸和氨化作用生成 α-亚氨基酸，α-亚氨基酸被还原成 α-氨基酸。这一反应称为还原氨基化反应。

3.306 谷氨酸合成酶催化反应

谷氨酸合成酶催化反应指在谷氨酸合成酶的催化下，由谷氨酰胺提供氨基，使 α-酮戊二酸形成谷氨酸，同时谷氨酰胺加氢也形成谷氨酸。

3.307 天冬氨酸族氨基酸生物合成

天冬氨酸族氨基酸生物合成指葡萄糖经糖酵解途径生成丙酮酸，丙酮酸经二氧化碳固定反应生成四碳二羧酸，后经氨基化反应生成天冬氨酸；天冬氨酸在天冬氨酸激酶等酶的催化作用下，经几步反应生成天冬氨酸半醛；天冬氨酸半醛一方面可在二氢吡啶-2,6-二羧酸合成酶等酶的催化作用下经几步反应生成赖氨酸，另一方面可在高丝氨酸脱氢酶的催化下生成高丝氨酸；一部分高丝氨酸在 O-琥珀酰高丝氨酸转琥珀酰酶等酶的催化作用下经几步反应生成蛋氨酸，另一部分高丝氨酸在高丝氨酸激酶的催化作用下经几步反应生成苏氨酸；苏氨酸在苏氨酸脱氨酶等酶的催化作用下经几步反应生成异

亮氨酸。

3.308 赖氨酸的生物合成途径

赖氨酸的生物合成途径有两条：二氨基庚二酸途径和 α-氨基己二酸途径。

3.309 α-氨基己二酸的生物合成途径

α-氨基己二酸的生物合成途径指天冬氨酸经过反应合成 α-氨基己二酸，再合成赖氨酸的过程。

3.310 缬氨酸的生物合成途径

缬氨酸的生物合成途径指先由丙酮酸生成 α-乙酰乳酸，再经还原脱水得到 α-酮基异戊酸，最后生成缬氨酸的过程。

3.311 二氨基庚二酸途径

二氨基庚二酸途径（DAP 途径）指以天冬氨酸为起点，经二氨基庚二酸合成 L-赖氨酸的过程。在这条途径中合成的还有苏氨酸、蛋氨酸和异亮氨酸。

更新名词

3.312 DL-对映体

DL-对映体指具有相同分子结构但手性相反的两种对映体的混合物。L 表示左旋，通常指的是氨基酸 C_α 上的侧链氨基酸位于左侧的手性构型；D 表示右旋，通常指的是氨基酸 C_α 上的侧链氨基酸位于右侧的手性构型。除了甘氨酸之外，所有氨基酸都存在于两种互为镜像的镜面结构中有对映体。

3.4.2　关键酶

3.313　关键酶

关键酶是参与代谢调节的酶的总称。作为一个反应链的限速因子,对整个反应起限速作用。这些酶常位于代谢流的枢纽之处,对代谢流的质和量都起着制约的作用。要想选育出某种目的产物生产菌,要先了解这种物质的生物合成途径、关键酶以及关键酶受怎样的反馈调节,再考虑如何解除反馈调节,随之设计出正确的代谢改造方案来。

3.314　同工酶

同工酶指具有同一种酶的底物专一性,但分子结构不同的一类酶。

3.315　多功能酶

多功能酶指能够催化两种以上不同反应的一类酶。

3.316　静态酶

静态酶指与代谢调节关系不大的一类酶。

3.317　潜在酶

潜在酶指酶原、非活性型或与抑制剂结合的酶。

3.318　苏氨酸脱氨酶

苏氨酸脱氨酶是异亮氨酸生物合成途径的关键酶。该酶的活性受异亮氨酸的反馈抑制,为苏氨酸所激活。

3.319　共价修饰酶

共价修饰酶指在其他酶的作用下,对它的结构进行共价修饰,从而使其在活性形式与非活性形式之间互相转变的酶。

3.320　脱敏作用

脱敏作用指变构酶经特定处理后不丧失酶活性而失去对变构效应物的敏感性的现象。

3.321　乳酸合成酶

乳酸合成酶(EC 2.2.1.6)又称乙酰乳酸合成酶,是支链氨基酸生物合成途径中的第一个关键酶。它催化丙酮酸脱羧,并与另一分子丙酮酸缩合生成乙酰乳酸(缬氨酸和亮氨酸的前体),也可与 2-酮丁酸缩合生成乙酰乳酸丁酸盐(异亮氨酸的前体)。

3.322　乙酰羟基酸异构还原酶

大肠杆菌的活性乙酰羟基酸异构还原酶(EC 1.1.1.86)是由 4 个相同亚基(分子质量为 53ku)组成的四聚体,它催化乳酸转换成二羟酸。该反应包括烷基异构化反应,以 Mg^{2+} 和 NADPH 作为供氢体。

3.323　二羟基酸脱水酶

二羟基酸脱水酶是一种催化反应的酶,参与糖代谢和其他生物化学途径中的重要步骤。它主要催化 2-磷酸化的二羟基酸向磷酸脱水,生成烯醇酮。该酶广泛存在于细菌、真菌、植物和动物等生物体内。

3.324 转氨酶

转氨酶又称氨基转移酶或氨基酰转移酶,是一类催化氨基酸转移反应的酶。这类酶能够在两个底物之间转移氨基基团,通常是从一个氨基酸到另一个酸类底物。

3.4.3 菌种

3.325 谷氨酸生产菌

目前用于谷氨酸发酵的菌种有谷氨酸棒杆菌、乳糖发酵短杆菌、黄色短杆菌、嗜氨小杆菌、球形节杆菌,我国常使用的生产菌株有北京棒杆菌 AS1.299、北京棒杆菌 D110、钝齿棒杆菌 AS1.542、棒杆菌 S-914 和黄色短杆菌 T6-13 等。

3.326 赖氨酸生产菌

目前的赖氨酸发酵生产都采用细菌为生产菌种。这些赖氨酸生产菌主要为谷氨酸棒杆菌、北京棒杆菌、黄色短杆菌或乳糖发酵短杆菌等谷氨酸生产菌的高丝氨酸营养缺陷型兼 $S-(2-$氨基乙基$)-L-$半胱氨酸(AEC)抗性突变株。

3.327 苏氨酸生产菌

目前作为苏氨酸直接发酵生产菌的主要有大肠杆菌、黏质沙雷氏杆菌和短杆菌三类。

3.328 异亮氨酸生产菌

目前的异亮氨酸生产菌主要是谷氨酸棒状杆菌、黄色短杆菌、黏质沙雷氏菌的抗性突变株。如异亮氨酸氧肟酸抗性突变株,$\alpha-$氨基丁酸抗性突变株,苏氨酸、赖氨酸结构类似物抗性突变株,赖氨酸、蛋氨酸营养缺陷型突变株等。

3.329 亮氨酸生产菌

$\alpha-$氨基丁酸抗性突变株、异亮氨酸营养缺陷型回复突变株、$\alpha-$噻唑丙氨酸抗性兼蛋氨酸和异亮氨酸双重营养缺陷型。

3.330 天冬氨酸生产菌

天冬氨酸的发酵生产可选育抗天冬氨酸结构类似物(如天冬氨酸氧肟酸、6-二甲基嘌呤等)突变株,赖氨酸、高丝氨酸双重缺陷型,丙氨酸缺陷型等。

3.331 色氨酸生产菌

苯丙氨酸、酪氨酸缺陷型和抗色氨酸结构类似物(5-甲基色氨酸等)、抗苯丙氨酸结构类似物(对氟苯丙氨酸等)突变株。

3.4.4 代谢调节

3.332 阻遏物

阻遏物指与基因的调控序列结合的调控蛋白。与调控序列结合,对基因的表达起阻遏(抑制)作用。

3.333　激活物

激活物指能激活其他物质或加速生化反应及信号转导过程的分子。如能提高特定酶活性的离子或简单的有机化合物,对酶原起激活作用的大分子物质,能与基因上游的调节性 DNA 序列相结合从而激活基因转录的一类蛋白质等。

3.334　辅阻遏物

辅阻遏物指能够结合或者激活转录阻遏物,从而阻碍基因的转录和抑制蛋白质合成的效应物。

3.335　巴斯德效应

巴斯德在研究酵母菌的乙醇发酵时,发现在有氧的条件下,由于进行呼吸作用,酒精的产量大为降低,单位时间内的耗糖速率也减慢,这种呼吸抑制发酵的作用称为巴斯德效应。

3.336　克雷布特效应

在有氧的条件下,较高的糖浓度抑制酵母的呼吸作用,使之进行发酵作用产生乙醇,而酵母的得率下降,这种因糖浓度的提高而引起的呼吸作用减弱称为克雷布特效应。当葡萄糖质量浓度超过 50g/L 时,就会使酵母细胞中的呼吸酶的合成和线粒体的形成受到抑制,酵母的生长速率明显下降。

3.337　卡斯特效应

在有氧条件下,酒香酵母发酵葡萄糖的速度比在无氧条件下更快,这种通风对乙醇发酵的刺激作用称为卡斯特效应。在大多数酒香酵母中都发现了这种效应。

3.338　乙醇的生成与同化

乙醇的生成与同化指由于克雷布特效应的存在,即使培养基中溶解氧的浓度足以满足细胞生长的需要,在含有高浓度的糖时也会产生乙醇。只有当培养基中的有效糖浓度下降到一定的临界值时,酵母才会完全停止发酵,同时消耗乙醇,一般认为,可发酵性糖的质量浓度应低于 4mg/L 才不会产生乙醇。但可发酵性糖的临界值浓度随酵母菌种、培养条件的不同而有一定的差异。

3.339　变构效应

变构效应指效应物与变构酶的变构中心结合后,诱导出或稳定住酶分子的某种构象,使酶活性中心对底物的结合和催化作用受到影响,从而调节酶的反应速度及代谢过程。

3.340　优先合成

优先合成指在一个有分支合成途径中,由于催化某一分支反应的酶活性远远大于催化另一分支反应的酶活性,结果先合成酶活性大的那一分支的最终产物。当该分支途径的最终产物达一定浓度时,就会抑制该分支途径中的酶活性,使代谢转向合成另一分支的终产物。

3.341　氨基-脂肪途径

氨基-脂肪途径是一种在一些藻类、绿藻和真菌中发生的赖氨酸生物合成的代谢途径。它包括 2-酮戊二酸双碳延伸为 2-氧代己二酸(乙酰辅酶 A 加成形成高柠檬酸,然后是顺式高乌头酸、高异柠檬酸,氧化为 2-氧代己二酸),转氨化为 2-氨基己二酸,后者与 ATP 反应生成 5-腺苷酸-2-氨基己二酸,进一步还原反应生成 2-氨基己二酸-5-半醛,糖精,最后是 l-赖氨酸。氨基己二酸也参与哺乳动物的赖氨酸分解代谢。

3.342 α-氨基己二酸途径

α-氨基己二酸途径指真菌的赖氨酸生物合成途径。从乙酰辅酶 A 和 β-酮戊二酸开始合成高柠檬酸，高柠檬酸经异构化、氧化脱羧及氨基化生成 α-氨基己二酸。后者经酶的作用再转变成 α-氨基己二酸-8-半醛，随后在另一些酶的作用下形成赖氨酸。

3.343 天冬氨酸族氨基酸的代谢调节机制

天冬氨酸族氨基酸的代谢调节机制指具有天冬氨酸结构的一组氨基酸，包括天冬氨酸、组氨酸、精氨酸、异亮氨酸、亮氨酸、苯丙氨酸和色氨酸等，在生物体内参与多种代谢途径，并受到调节以维持生物体的正常功能。

更新名词

3.344 氨基酸的生产

氨基酸的生产目前有 3 种不同的途径，即从蛋白质水解物中提取、化学合成和微生物合成过程(酶合成和发酵)。

3.345 氨基酸生产菌种

通过发酵产生氨基酸的常见的细菌是谷氨酸杆菌和大肠杆菌、北京棒杆菌、黄色短杆菌、黏质沙雷氏菌、α-氨基丁酸抗性突变株、高丝氨酸双重缺陷型菌株、苯丙氨酸缺陷型菌株、酪氨酸缺陷型菌株，一些代谢工程改造已应用于提高它们作为氨基酸生产生物的性能。

3.346 谷氨酸棒状杆菌的中心碳代谢

氨基酸的生物合成与微生物的中枢代谢密切相关。因此，谷氨酰胺作为氨基酸生产工业的重要微生物，多年来一直是生物化学、生理和遗传研究的对象。同位素示踪方法，如 ^{13}C 标记技术，已与代谢物平衡相结合，以更好地了解谷氨酰胺的中枢代谢和定量体内通量。

3.347 大肠杆菌的中心碳代谢

大肠杆菌的中枢碳代谢由 3 个主要途径组成，如 Embden Meyerhof-Parnas 途径(糖酵解)、戊糖磷酸途径(PPP)和三羧酸循环。特别是，PPP 负责分解大肠杆菌用于氨基酸生物合成的碳源。

4 食品酶与受体领域热点术语

4.1 分子结构

4.1.1 结构特征

4.001 结构域

结构域指几个或多个超二级结构组成复杂超二级结构后，与一些二级结构单元进一步组合形成紧密的球形结构。

4.002　亚基

亚基是蛋白质的最小共价单位,由一条多肽链或以共价键连接在一起的几条多肽链组成。每一条多肽链具有完整的三级结构。在体内,许多蛋白质含有 2 条或 2 条以上多肽链才能全面地执行功能。

4.003　结合部位

结合部位指大分子中直接参与配体特异结合的部位,酶分子中与底物结合的部位或区域。

4.004　催化部位

催化部位又称催化位点,指活性中心内起催化作用的部位。

4.005　酶的活性中心

酶催化基团在一级结构上可能相距很远,但在空间结构上彼此靠近,集中在一起形成具有一定空间结构的区域,该区域能与底物特异性结合并将底物转化为产物,这一区域称为酶的活性中心。

4.006　多酶复合体

多酶复合体又称多酶体系,常包括 3 个或 3 个以上的酶,组成一个有一定构型的复合体。

4.007　反向胶团酶催化体系

反向胶团酶催化体系指在非极性有机溶剂中,酶分子溶解在由表面活性剂形成的含水反向胶团内催化底物的转化。

4.008　底物复合物

底物复合物指在酶催化的反应中,酶首先与底物结合形成的过渡态中间物,可转化成产物和酶。

4.009　中间复合体

中间复合体指各种底物(或产物)与酶的活性部位结合所形成的过渡态中间物。

4.010　非中心复合体

非中心复合体指酶没有和各种底物(或产物)全部结合的中间复合体。

4.011　酶的必需基团

酶分子中氨基酸残基的侧链有不同的化学组成,其中存在有许多功能基团,例如,$-NH_2$、$-COOH$、$-SH$、$-OH$ 等。这些功能基团中有一些与酶的活性密切相关,称为酶的必需基团。

4.012　接触残基

接触残基指酶活性中心的残基直接与底物接触,参与底物的化学转变。

4.013　辅助残基

辅助残基指虽然不与底物直接接触,但在酶与底物结合以及协助接触基团发挥作用方面起一定的作用的残基。

4.014　结构残基

结构残基指不在酶的活性中心范围内,但是

在维持酶分子的完整的空间结构并使之形成特定的空间构象方面起重要作用的残基。

4.015　非贡献残基

非贡献残基指对酶活性的显示无明显作用，可以由其他氨基酸残基替代的残基。

4.016　双配基

双配基指水溶性化合物分子上偶联有 2 个亲和配基。

4.017　多配基

多配基指水溶性化合物分子上偶联有 2 个以上的亲和配基。

4.018　调节基因

调节基因可以产生一种阻遏蛋白。阻遏蛋白是一种由多个亚基组成的变构蛋白，它可以通过与某些小分子效应物（诱导物或阻遏物）的特异结合而改变其结构，从而改变它与操纵基因的结合力。

4.019　启动基因

启动基因决定酶的合成能否开始，启动基因由 2 个位点组成：一个是 RNA 聚合酶的结合位点，另一个是环腺苷酸与 CAP 组成的复合物（cAMP-CAP）的结合位点。CAP 是指环腺苷酸受体蛋白或分解代谢物活化剂蛋白。

4.020　操纵基因

操纵基因可以与调节基因产生的变构蛋白（阻遏蛋白）中的一种结构结合，从而操纵酶生物合成的时机和合成速度。

4.021　结构基因

结构基因与多肽链有各自的对应关系。结构基因上的遗传信息可以转录成为 mRNA 上的遗传密码，再经翻译成为酶蛋白的多肽链，每一个结构基因对应一条多肽链。

4.022　帽子结构

帽子结构又称甲基鸟苷帽子，指在真核生物中转录后修饰形成的成熟 mRNA 在 5′端的 1 个特殊结构，即 m7GPPPN 结构。

4.023　有机辅因子

有机辅因子指在全酶的非蛋白质部分中，参与酶促反应电子、质子传递或作为运载体的小分子有机物质，多为维生素或其衍生物。

4.024　同义密码子

一种氨基酸具有 1 个以上密码子的现象称为简并性。对应于同一氨基酸的密码子称为同义密码子。

4.025　操纵子

操纵子包括两部分。一部分是荷载着有关酶的结构密码，决定酶的结构和性质的结构基因；在代谢功能上相互关联的酶，其结构基因常集中在操纵子 DNA 链的 1 个或几个特定区段内，组成多顺反子；另一部分是由操纵基因和启动基因等组成的调控部分。

4.026　阻遏型操纵子

阻遏型操纵子在无阻遏物的情况下，基因正常表达；当有阻遏物存在时，转录受到阻遏，如色氨酸操纵子等。

4.027　诱导型操纵子

诱导型操纵子在无诱导物的情况下,其基因的表达水平很低或不表达。只有在诱导物存在的条件下,才能转录生成 mRNA,进而合成酶。例如,乳糖操纵子。

4.028　内含子

内含子指不连续基因中的介入序列。

4.029　外显子

外显子指被内含子隔开的序列。

4.030　增强子

增强子又称调变子,是一段能高效增强或促进基因转录的 DNA 序列。

4.031　衰减子

色氨酸操纵子有一段由 162 个碱基对组成的前导序列 TrpL。TrpL 序列内有一个调节区,称为衰减子,又称制动基因。

4.032　遗传密码

遗传密码指由 mRNA 分子上连续的 3 个核苷酸(碱基)组成的单位,又称三联体密码或密码子。

4.033　多酶蛋白

多酶复合体中各组成成分的结合强度可能差别很大,如果各组成成分之间仅以次级键彼此连接,则形成的复合体称为多酶蛋白。

4.034　多酶多肽

如果各组成成分之间仅以共价键结合,则形成的复合体称为多酶多肽。

4.035　酶蛋白

缀(复)合蛋白质的酶类,除了包含蛋白质组分外,还由一些对热稳定的非蛋白质小分子物质或金属离子构成,其蛋白质的部分称为酶蛋白,又称脱辅酶。

4.036　抗酶体

抗体酶又称催化性抗体,是一类具有生物催化功能的抗体分子。

4.037　辅基

就酶分子组成而言,一些酶蛋白需要有某些辅助因子存在时才有催化活性。这些辅助因子与酶蛋白结合的紧密程度并不相同。两者结合紧密且不易分离的辅助因子称为辅基。

4.038　无机辅因子

无机辅因子指在全酶的非蛋白质部分中,参与酶促反应过程中的一类无机金属离子。

4.039　端粒

端粒是真核生物染色体的末端结构,是由富含 G 和 T 的 DNA 简单重复序列不断重复而成的。如单细胞纤毛生物四膜虫端粒由重复序列 TTGGGG 多次重复而成;人的端粒由重复序列 TTAGGG 不断重复而成。

4.040 交错延伸

交错延伸是一种简化的 DNA 改组方法，因为省去了传统 DNA 改组中酶切过程，从而大大简化了改组步骤，缩短了反应时间。

4.041 酶的转换数

酶的转换数指 1 个酶分子在底物浓度饱和时，单位时间内能转换的底物分子数，即单位时间内有多少底物分子转变为产物。

4.042 简并性

简并性指一种氨基酸具有 1 个以上密码子的现象。

4.043 流加式操作

流加式操作指在一次反应过程中徐徐加入底物，但是却不采出产品的操作。

4.044 双水相系统

双水相系统指将两种亲水性的聚合物都加在水溶液中，当超过某一浓度时，就会产生两相，两种聚合物分别溶于互不相溶的两相中。

4.045 酶原

酶是由活细胞合成的，但不是所有新合成的酶都具有酶的催化活性，新合成酶的无催化活性的前体称为酶原。

4.1.2 酶和酶的种类

4.046 酶学

酶学是研究酶的理化特性、催化作用规律、结构与作用机制、生物学功能以及实际应用特性的一门学科。

4.047 酶学和酶工程

酶学和酶工程都是以酶作为研究对象，两者有密切关系，但是两者的侧重点有所不同。

4.048 酶

酶是由活细胞产生的具有催化功能活性的特殊蛋白质，在生物体内各种生理活动中发挥着重要的作用。

4.049 单纯酶（单纯酶模型）

在模拟酶的分类中，单纯酶（单纯酶模型）指以化学方法通过对天然酶活性的模拟来重建和改造酶活性。

4.050 辅酶

辅酶指与脱辅酶结合比较松散，很容易通过透析等物理方法去除的有机小分子。

4.051 抗体酶

人们选择和该过渡态结构相似的类似物作为半抗原并合成抗原进行免疫，由此得到和酶一样能特异性识别过渡态、并催化特定化学反应的抗体。这种具有催化能力的抗体称为抗体酶,又称催化抗体。

物细胞内。

4.052 单体酶

单体酶是只有一条具有三级结构的多肽链,相对分子质量为 13000~35000 的酶类。

4.053 寡聚酶

寡聚酶是由 2 个或多个相同或不相同亚基以非共价键连接的酶。绝大多数寡聚酶都含偶数个亚基,但个别寡聚酶含奇数个亚基,如荧光素酶、嘌呤核苷磷酸化酶均含 3 个亚基。亚基之间靠次级键结合,容易分开。

4.054 别构酶

别构酶指能发生别构效应的,在代谢反应中催化第一步反应的酶或交叉处反应的酶。别构酶均受代谢终产物的反馈抑制。

4.055 修饰酶

某些酶蛋白肽链上的侧链基团在另一酶的催化下可与某种化学基团发生共价结合或解离,从而改变酶的活性,这种调节酶活性的方式称为酶的共价修饰调节,这类酶称为修饰酶。

4.056 结构酶

结构酶又称组成酶,是细胞内天然存在的酶,以恒定速率和恒定数量生成,含量较为稳定,受外界的影响很小。

4.057 胞内酶

胞内酶是微生物合成的目的酶,存在于微生

4.058 化学突变酶

化学突变酶指不仅具有交联酶的特性,而且也能改变催化活性的酶。

4.059 全酶

全酶又称结合酶,是由酶蛋白和辅助因子结合后形成的复合物。除了蛋白质组分外,还含有对热稳定的小分子物质,前者称为酶蛋白,后者称为辅因子。酶蛋白和辅因子单独存在时,均无催化活力。只有二者结合成完整的分子时,才具有活力。

4.060 杂合酶

杂合酶是由两种以上酶所组成的,把不同酶分子的结构单元或整个酶分子进行组合或交换,从而构建成具有特殊性质的酶杂合体。

4.061 转肽酶

转肽酶是一种在蛋白质生物合成过程中肽键的形成具有必须作用的酶类。

4.062 核酶

核酶是具有催化功能的 RNA 分子,又称核酸类酶、酶 RNA、类酶 RNA。大多数核酶通过催化转磷酸酯和磷酸二酯键水解反应参与 RNA 自身剪切、加工过程。

4.063 恒态酶

恒态酶指构成代谢途径和物质转化体系的基本组成成分,在细胞中的含量相对稳定,其活性仅受反应动力学系统本身的组成因素调节。

4.064　调节酶

调节酶指在代谢途径和物质转化体系中起调节作用的关键酶,其含量与活性常因机体的功能状况而不同,按其活性调节方式可分为潜态酶、异构酶和多功能酶。

4.065　诱导酶

诱导酶指细胞内存在特定诱导物时,由诱导物诱导产生的酶,其含量在诱导物存在时显著提高,诱导物通常是该酶的底物或底物类似物。

4.066　胞外酶

胞外酶指在酶合成后分泌到细胞外发挥作用的酶,实际生产应用中的酶大多是胞外酶。

4.067　模拟酶

模拟酶又称人工合成酶,是利用有机化学方法设计和合成的一些较天然酶更简单的非蛋白质分子,以这些分子作为模型来模拟酶对其作用底物的结合和催化过程。

4.068　端粒酶

端粒酶是真核细胞内染色体完全复制的关键酶。它由端粒酶蛋白和端粒酶 RNA 两部分组成,自身携带模板的催化反向转录端粒 DNA 的合成,能够在缺少 DNA 模板的情况下延伸端粒寡核苷酸片段。

4.069　转谷氨酰胺酶

转谷氨酰胺酶又称为蛋白质-谷氨酰胺 γ-谷氨酰胺基转移酶,是一种能催化多肽或蛋白质的谷氨酰胺残基的 γ-羟胺基团(酰基的供体)与许多伯胺化合物(酰基受体)之间的酰基转移反应的酶,其中酰基受体包括蛋白质赖氨酸残基的 s-氨基。

4.070　β-淀粉酶

β-淀粉酶作用于淀粉分子,每次从淀粉分子的非还原端切下 2 个葡萄糖单位,并且将其原来的 α-构型转变为 β-构型。

4.071　脱支酶

脱支酶指对支链淀粉、糖原等分支点的 α-(1,6)糖苷键具有专一性的酶。

4.072　葡萄糖异构酶

葡萄糖异构酶是一种可催化醛糖转化为酮糖的酶,其所催化转化的醛糖主要为 D-木糖、D-葡萄糖、D-核糖和 L-阿拉伯糖等,又称木糖异构酶。由于把葡萄糖异构化为果糖,对国民工业经济更具重要性,因而工业上将其称为葡萄糖异构酶。

4.073　凝乳酶

凝乳酶是制造干酪过程中起凝乳作用的关键性酶,它的传统来源是从小牛皱胃液中提取。

4.074　糖化酶

糖化酶又称淀粉 α-(1,4)葡萄糖苷酶,作用于淀粉分子的非还原性末端,以葡萄糖为单位,依次作用于淀粉分子中的 α-(1,4)糖苷键,生成葡萄糖。

4.075 常温酶

常温酶指最适温度为常温的酶,即在常温下活性最高的酶。

4.076 低温酶

低温酶指最适宜的催化反应温度在 30℃ 以下的酶。

4.077 中温酶

中温酶指最适宜的催化反应温度在 51 ~ 90℃ 的酶。

4.078 呋喃果糖苷酶

呋喃果糖苷酶指催化蔗糖分子中的 $\beta-D-$呋喃果糖苷键水解,产生等分子的葡萄糖和果糖的酶。

4.079 多酚氧化酶

多酚氧化酶又称多酚酶或酚酶,是一种存在于高等动物、植物、真菌和细菌内的大型酶家族,其主要特点是酶活性位点有双铜原子。

4.080 淀粉糖化酶

1833 年,法国化学家安塞姆·佩恩(Anseime Payen)和弗朗索瓦·帕索兹(Jean-Francois Persoz)从麦芽的水抽提物中分离得到一种活性物质,发现该物质能够促进淀粉分解成糖。他们把这种物质称为淀粉糖化酶。

4.081 酒化酶

酒化酶又称酿酶,是参与乙醇发酵的多种酶的总称,酵母菌含有丰富的胞外酶蔗糖水解酶和胞内酶酒化酶。

4.082 异型多聚体酶

异型多聚体酶指多聚体酶的亚基间的氨基酸序列不同的酶。

4.083 枯草杆菌蛋白酶

枯草杆菌蛋白酶是一种来源于枯草杆菌的丝氨酸蛋白酶。

4.084 折叠酶

折叠酶指催化多肽链折叠形成天然构象过程中共价键的变化一类酶。

4.085 磷酸化酶

催化己糖基或戊糖基转移,包括 2 个亚类。它们催化糖苷基自磷酸酯中转出,或自糖苷化合物转至磷酸,这类酶称为磷酸化酶。

4.086 谷氨酰胺合成酶

谷氨酰胺合成酶指催化谷氨酸与氨反应生成谷氨酰胺的合成酶。

4.087 水解酶

水解酶指催化各种化合物进行时间反应的酶。

4.088 合成酶(连接酶)

合成酶(连接酶)指与分解 ATP 释能相偶联,催化由 2 种物质(双分子)合成为一种物质反应的酶。

4.089 多酶

多酶指具有 1 个以上催化活性的若干种蛋白质。

4.090 超氧化物歧化酶

超氧化物歧化酶是一种金属酶,其性质不仅取决于酶蛋白,还取决于活性部位的金属离子。

4.091 水不溶酶

水不溶酶是一种人工改变了的酶,在结构上与自然酶差别较大,是一种研究酶特性的较好的模型。

4.092 金属酶

金属酶指酶与金属原子结合较为紧密,在酶纯化过程中,金属原子仍被保留。

4.093 金属激活酶

金属激活酶指酶与金属原子结合不很紧密,纯化的酶需加入金属离子,才能被激活。

4.094 激酶

激酶指催化 ATP 上的 $5'-$磷酸基团转移到其他化合物上的酶。也偶尔催化其他三磷酸核苷上磷酸基团转移。

4.095 蛋白激酶 A

蛋白激酶 A 是一种由环腺苷酸激活,催化将磷酸基从 ATP 转移至蛋白质的丝氨酸和苏氨酸残基上的蛋白激酶。

4.096 蛋白激酶 C

蛋白激酶 C 是一类可使丝氨酸或苏氨酸残基磷酸化的蛋白激酶,有多种亚类。不同的亚类有不同的激活方式,其中典型的亚类可被二酰甘油和 Ca^{2+} 浓度的提高所激活。

4.097 磷酸化酶激酶

磷酸化酶激酶是催化磷酸化酶的两种变构形式(磷酸化酶 a 及磷酸化酶 b)转换的酶。

4.098 蛋白酪氨酸激酶

蛋白酪氨酸激酶是参与促成蛋白质酪氨酸残基发生磷酸化的一种蛋白激酶。

4.099 基质金属蛋白酶

基质金属蛋白酶是一类参与降解细胞外基质的含金属钙离子或锌离子的蛋白水解酶。

4.100 纤维蛋白溶酶

纤维蛋白溶酶指由纤溶酶原经组织中结合在纤维素上的纤溶酶原激活剂和结合在特殊细胞表面受体的尿激酶纤溶酶原激活剂激活产生的一种酶。

4.101 变构酶

酶分子因与配体可逆非共价结合导致构象的变化,进而改变酶活性状态,称为酶的变构调节,具有这种调节作用的酶称为变构酶。

4.102 调控酶

调控酶指代谢反应中酶活性低,催化的反应

远离平衡,反应速率较慢因而决定整个代谢反应速度的酶。

4.103 溶菌酶

溶菌酶指催化细菌细胞壁上黏多糖分子的 N-乙酰胞壁酸和 2-乙酰氨基-3-脱氧-D-葡萄糖残基之间的 β-(1,4)糖苷键进行水解的酶,由 129 个氨基酸残基组成。

4.104 支链淀粉酶

支链淀粉酶又称脱支酶或界限糊精酶,是一种催化支链淀粉、糖原、界限糊精等 α-(1,6)糖苷键水解,生成直链淀粉的淀粉酶。

4.105 乳糖酶

乳糖酶可以用于水解乳中存在的乳糖,生成半乳糖和葡萄糖,用于制造低乳糖奶。

4.106 柚苷酶

柚苷酶又称 β-鼠李糖苷酶,催化 β-鼠李糖苷分子中非还原端的 β-鼠李糖苷键水解,释放出鼠李糖。

4.107 橙皮苷酶

橙皮苷酶是一种鼠李糖苷酶,催化橙皮苷分子中鼠李糖苷键水解,生成鼠李糖和橙皮素-7-葡萄糖苷。

4.108 谷氨酸脱氢酶

谷氨酸脱氢酶(glutamic dehydrogenase,GDH)是催化谷氨酸氧化脱氨或其逆反应的一类不需氧脱氢酶。它在生物体内广泛存在,是体内催化 L-氨基酸脱去氨基反应中能力最强的一种酶,在氨基酸的联合脱氨作用中起重要作用。

4.109 谷氨酸合酶

谷氨酸合酶指与谷氨酸生成有关的铁硫黄素蛋白复合体,催化 α-酮戊二酸接受 L-谷氨酰胺的氨基而生成两分子谷氨酸,可分别以 NAD^+ 和 $NADP^+$ 作为其氢受体。

4.110 天冬酰胺酶

天冬酰胺酶是存在于细菌中的一种酰胺基水解酶,能特异水解天冬酰胺的酰胺键。

4.111 纤维素酶

纤维素酶指催化 β-(1,4)糖苷键水解的一类酶。

4.112 脱辅酶

脱辅酶是属于单纯蛋白质的酶类,除了蛋白质外,不含其他物质。

4.113 同型多聚体酶

如果多聚体酶的每个亚基一级结构,即氨基酸序列相同,这样的多聚体酶称为同型多聚体酶。

4.114 淀粉酶

淀粉酶指可使淀粉水解生成可溶性糖的物质。

4.115 脱氧核酶

脱氧核酶指具有催化活性的 DNA。

4.116　乙醇脱氢酶

乙醇脱氢酶又称醇脱氢酶,是一种含锌酶类。其分子由两个亚基组成,一个位于酶的活性中心,另一个起稳定四级结构的作用。

4.117　青霉素酰化酶

青霉素酰化酶是在医药工业上广泛应用的一种固定化酶,可用多种方法固定化。

4.118　烟酰胺辅酶

烟酰胺辅酶是电子载体,在各种酶促氧化-还原反应中起着重要作用。

4.119　黄素辅酶

黄素辅酶是核黄素的衍生物,是生物体内一些氧化还原酶(黄素蛋白)的辅基主要有黄素单核苷酸和黄素腺嘌呤二核苷酸两种形式,与蛋白部分结合很牢。

4.120　核糖核酸酶

核糖核酸酶指催化 RNA 水解、作用于 RNA 中的 $3',5'$-磷酸二酯键的内切酶,分别生成 $5'$-磷酸核苷和 $3'$-磷酸核苷。

4.121　碱性磷酸酶

碱性磷酸酶指催化有机单磷酸酯水解为磷酸和甘油的非特异性酶。最适 pH 8.6 ~ 10.3。在机体分布广泛,骨、肝、肾、肠黏膜等组织中含量丰富,共有 6 种同工酶(AKP1 ~ 6)。其中第 1、2、6 种来自肝脏,第 3 种来自骨细胞,第 4 种产生于胎盘及癌细胞,而第 5 种则来自小肠绒毛上皮与成纤维细胞。

4.122　天冬氨酸酶

天冬氨酸酶是一种具有磷酸吡哆醛依赖性、由细胞核基因编码的线粒体酶。催化天冬氨酸的氨基转移到 α-酮戊二酸形成草酰乙酸和谷氨酸及其逆反应。

4.123　过氧化物酶

过氧化物酶是以铁原卟啉作为辅基的氧化还原酶。

4.124　过氧化氢酶

过氧化氢酶是一种在有氧生物中发现的四聚体蛋白质。它有助于过氧化氢分解。

4.125　氧化还原酶

氧化还原酶指催化两分子间发生氧化还原作用的酶的总称。其中氧化酶能催化物质被氧化的过程,脱氢酶能催化从物质分子脱去氢的过程。

4.126　果胶酶

果胶酶又称聚半乳糖醛酸酶,是一类催化果胶聚合物中糖苷键水解的酶的总称。果胶酶通常是含有多个酶的多酶复合物,主要包括原果酯酶、果胶甲酯酶、果胶酸水解酶和果胶裂合酶。

4.127　脂肪酶

脂肪酶是催化脂肪水解为甘油和脂肪酸的酶。

4.128　α-淀粉酶

α-淀粉酶又称淀粉 1,4-糊精酶,是淀粉降解酶,能够水解多糖的 α-(1,4)糖苷键产生短链糊精,不能水解 α-(1,6)糖苷键,所以淀粉酶将淀粉水解为麦芽糖、含有 6 个葡萄糖单位的寡糖和带有支链的寡糖。

4.129　葡萄糖淀粉酶

葡萄糖淀粉酶是催化多糖淀粉从非还原性端水解,释放 β-葡萄糖的萃取酶。

4.130　葡萄糖氧化酶

葡萄糖氧化酶指催化 β-D-葡萄糖生成葡萄糖酸和过氧化氢的酶。

4.131　磷脂酶

磷脂酶指选择性地将磷脂分解为脂肪酸和其他亲脂性物质的酶。

4.132　木聚糖酶

木聚糖酶是由微生物裂解木聚糖产生的,木聚糖是半纤维素的主要成分。

4.133　木糖还原酶

木糖还原酶是木糖代谢的一种中间诱导酶,负责将木糖还原为木糖醇。

更新名词

4.134　假酶

假酶指缺乏催化活性但存在非催化活性的酶蛋白变体。一个正常酶的原始和复制基因出现了突变,破坏了酶的活性,从而产生了假酶。

4.135　脲酶

脲酶指由一些植物、细菌和真菌合成的一种含镍金属酶。

4.136　固定化酶

固定化酶又称固相酶,通过模拟体内酶的作用方式(体内酶多与膜类物质相结合并进行特有的催化反应),通过化学或物理的手段,用载体将酶束缚或限制在一定区域内,使酶分子在此区域发挥特有及活跃的催化功效。

4.137　β-半乳糖苷酶

β-半乳糖苷酶是一种催化乳糖水解的酶。

4.138　阿魏酰基酯酶

阿魏酰基酯酶是酯酶家族中重要的一类酶,其作用是破坏植物细胞壁中阿魏酸与不同多糖之间的酯键。

4.139　胃饥饿素-O-酰基转移酶

胃饥饿素-O-酰基转移酶是一种允许酰基化反应的酶,使去酰饥饿素转化为活性形式的酰基饥饿素。

4.140　血管紧张素 Ⅰ 转换酶

血管紧张素 Ⅰ 转换酶(angiotensin converting enzyme,ACE)又称肽基二肽酶 A 或激肽酶 Ⅱ,在 1956 年首次被分离出来,被证明是一种氯依赖的金属酶,它从十肽血管紧张素 Ⅰ 的羧基端分裂出一个二肽,形成有效的血管加压剂(血管收缩剂)血管紧张素 Ⅱ。

4.141 血管紧张素转换酶2

血管紧张素转换酶2（angiotensin converting enzyme2，ACE2）是一种膜结合的单羧基肽酶，主要在心脏、肠、肾和肺泡（Ⅱ型）细胞中表达。

4.142 浸渍酶

目前，市面上的酶含有果胶酶、纤维素酶、半纤维素酶、蛋白酶和淀粉酶的混合物，称为浸渍酶。

4.143 柚皮苷酶

柚皮苷酶是一种由 α-L-鼠李糖苷酶和 β-D-吡喃葡萄糖苷组成的酶复合物，可以水解柚苷生成柚配基起到脱苦作用的酶。柚皮苷酶主要含有两种酶，一种是鼠李糖苷酶，可使苦味的柚苷（柚配质-7-鼠李糖苷）水解成鼠李糖和野樱素；另一种是 β-葡萄糖苷，它可使野樱素水解成无味的柚配质和葡萄糖。

4.144 植酸酶

植酸酶指从植酸盐中释放磷的碱性磷酸酶和酸性磷酸酶。

4.145 嵌合酶

嵌合酶是通过融合不同酶的催化结构域和底物结构域而发展起来的一种酶。

4.146 高通量微流控酶动力学

高通量微流控酶动力学（HT-MEK），是一个微流控平台，能够对每个实验1500多种酶变体进行高通量表达、纯化和表征。用于新酶的初始表征和深入的机理研究。结合基因合成的最新进展，HT-MEK可以快速地从功能上表征宏基因组变体为系统发育分析提供了一个急需的维度。HT-MEK的应用范围从理解分子机制到医学、工程学和设计。

4.147 迭代饱和突变

迭代饱和突变是基于酶结构对理性选择的位点进行多轮循环迭代的饱和突变，是一种新兴的半理性蛋白质设计策略。可用于食品工业中酶的改造。

4.148 酶的隧道状结构

酶的隧道状结构是隧道将蛋白质表面连接到活性位点或一个活性位点与其他位点，并作为方便地传递分子的管道。隧道修饰可用于酶的微调。

4.149 酶融合

酶融合是指将酶聚集在一起以进行多酶生物催化的方法。有利于酶的协同作用，提高催化效率。

4.150 晶体结构分析

晶体结构分析是一种具有一定空间分辨率的电子计数技术，它可以比较精确的确定原子的空间位置，分子的三维空间排列堆积方式，能直接测定化合物的化学分子式。多用于食品中酶的结构的分析。

4.2 活性机制

4.2.1 酶作用机制

4.151 改性

改性指通过各种方法对酶的催化特性进行改进的技术。

4.152 变性

变性剂(盐酸胍、尿素、温度和 pH 等)的作用,会破坏酶蛋白的次级作用力,导致酶结构的松散,酶的活性也随之丧失,称为变性。

4.153 酶原激活

酶原激活指胞内合成的非活化的酶前体蛋白,分泌到胞外后,在适当的条件下,受到 H^+ 或特异的水解酶限制性水解,切除某段肽或断开酶分子上某个肽键而转变为有活性的酶。

4.154 脱敏

调节中心和活性中心的关系可通过物理或化学的方法如加热、冰冻、尿素或有机汞等处理而加以解除,这种处理称为脱敏。

4.155 酶的转换

酶的转换指酶在细胞的代谢中不断的合成和降解的过程。

4.156 定向进化

定向进化是模拟自然进化过程(随机突变、基因重组和自然选择),在体外进行基因的人工突变,建立突变基因文库,在人工控制条件的特殊环境下,定向选择得到具有优良催化特性的酶的突变体的技术过程。

4.157 分子内交联

分子内交联可以通过增加酶分子表面交联键的数目来实现,是提高酶稳定性的方法之一。

4.158 分子间交联

分子间交联指分子间交联指用双功能试剂将不同的酶连接起来,酶分子间的共价交联可以产生杂合酶。

4.159 体外定向进化

体外定向进化指在实验室条件下,即在试管中,在可控的时间尺度内(几个月或者几周内)模拟自然进化机制,对编码酶的基因进行随机诱变、重组,再通过高通量筛选或者其他选择方法定向选择出性能更加优良的酶或创造出新酶的试验手段。

4.160 DNA 体外定向进化

DNA 体外定向进化是一种高通量的突变和筛选技术,不仅可以实现基因序列的点突变,可以实现其他突变技术不能实现的基因片段插入、缺失、倒转和整合等,而且可以反复改组,实现突变的优势积累效应。通过 DNA 定向进化,可大大加快不同品种或不同基因型之间的重组进化速度。

4.161 前馈抑制

前馈抑制指代谢途径中一个酶被该途径中前端产生的代谢物抑制的现象。

4.162 立体异构专一性

立体异构专一性指在催化反应中,底物通过其立体结构上特定的 3 点与酶活性中心上的 3 个部位只能以一种方式结合,而酶的 3 个部位中只有 1 个有催化活性,尽管 1 个不对称碳原子上有 2 个相同的基团,而其中只有 1 个处在一定位置上的基团能起反应。

4.163 键专一性酶

键专一性酶指要求连接 A 和 B 的键必须正确的酶。例如,酯酶的作用键必须是酯键,而对构成酯键的有机酸和醇(或酚)则无严格要求。

4.164 立体结构专一性

立体结构专一性指酶对所催化反应的底物的立体结构,表现出很高的专一性。

4.165 旋光异构专一性酶

旋光异构专一性酶指只能作用于具有特定旋光异构体的底物。例如 L-氨基酸氧化酶只催化 L-氨基酸氧化,对 D-氨基酸无作用。精氨酸酶只催化 L-精氨酸水解,酸氧化酶只催化 L-氨基酸氧化,对 D-氨基酸无作用。精氨酸酶只催化 L-精氨酸水解,对 D-精氨酸则无效。

4.166 几何异构专一性

酶只能作用于顺反异构体中的一种,例如,天冬氨酸酶只催化反丁烯二酸(延胡索酸)与氨反应,生成 L-天冬氨酸,对顺丁烯二酸(马来酸)则无作用,称为几何异构专一性。

4.167 前手性专一性

大多数脱氢酶对尼克酰胺核苷酸辅酶 [NAD(P)$^+$或 NAD(P)H] 中的尼克酰胺环第四位碳原子(C-4)上的 2 个氢表现特殊的立体结构专一性,称为前手性专一性,又称潜手性专一性。

4.168 超反应性

超反应性指蛋白质的某个侧链基团与个别试剂能发生非常迅速的反应。

4.169 酶的对映体选择性

酶的对映体选择性指酶识别外消旋化合物中某种对映体的能力,这种选择性是由两种对映体的非对映结构体的自由能差别造成的。

4.170 酶的位置选择性

酶的位置选择性指酶能够选择性地催化底物中某个区域的基团发生反应。

4.171 酶的多形性

有很多酶催化相同的反应,但其结构和物理化学性质(包括某些催化特性)往往有所不同,这种现象称为酶的多形性。

4.172　定点突变

定点突变又称定位突变,其原理是通过改变酶分子上特定位置的残基,观察酶结构和功能的变化,从而了解该位点的侧链基团在酶的结构和功能上的作用。

4.173　盒式突变

盒式突变又称片段取代法,是一种区域性定位突变方法。它是 1985 年由威尔斯(Wells)提出的一种基因修饰技术,可经过一次修饰,在一个位点上产生 20 种不同氨基酸的突变体,从而对蛋白质分子中某些重要氨基酸进行"饱和性"分析,大大缩短了"误试"分析的时间,加快了酶工程的研究速度。这一方法的要点是利用目标基因中所具有的适当限制性内切酶位点,用具有任何长度、序列的 DNA 片段来置换和取代目标基因上的一段序列,这样人们不仅可以通过改变几个氨基酸序列,也可以通过改变一段 DNA 序列而产生嵌合蛋白质。

4.174　化学诱变剂介导的随机诱变

在 65℃ 下直接用羟胺处理带有目的基因片段的质粒,然后用限制性内切酶切下突变了的基因片断,再克隆到表达载体中进行功能的筛选,称为化学诱变剂介导的随机诱变。

4.175　PCR 诱变

PCR 诱变技术能够在 DNA 编码序列的任一位置引入点突变,插入和缺点突变序列,从而改善酶的性质与功能。基本原理是利用 PCR 将插入和缺失的突变碱基均设计在引物中,先用 2 对引物分别对核酸进行 PCR 扩增,通过重叠延伸产生带有部分重叠序列的 2 个 PCR 引物,这些产物经过混合、变性、复性和链延伸后,再用一对与 2 个待接片段外侧互补的引物进行第二次扩增,从而产生出全长的异源杂合双链 DNA。

4.176　寡核苷酸引物诱变

寡核苷酸引物诱变指用含有突变碱基的寡核苷酸片段作引物,在聚合酶的作用下启动 DNA 分子进行复制。该方法包括 Kunkel 突变法、基于抗生素的抗性恢复突变法和基于去除特定限制酶切位点的突变法等。

4.177　操纵子学说

操纵子学说是雅各布(F. Jacob)和莫诺(J. Monod)于 1961 年提出的关于原核生物基因结构及其表达调控的学说。

4.178　中间络合物学说

中间络合物学说指酶反应都要通过酶与底物结合形成酶–底物络合物,然后,酶再催化底物转化为产物,同时释放出酶来参加下一轮反应。

4.179　摆动假说

摆动假说指在密码子与反密码子的配对中,前 2 对严格按照碱基配对原则,而第三对碱基则可以有一定自由度的摆动。所以,某些 tRNA 的反密码子可以识别 1 个以上的密码子。

4.180　诱导契合假说

诱导契合假说指酶分子与底物分子相互接近时,酶蛋白受底物分子的诱导,酶的构象发生相应的形变,变得有利于与底物结合,导致彼此互相契合而进行催化反应。

4.181 双解离模型

假定酶活性部位上有 2 个可解离的基团,底物的解离并不考虑在内。这 2 个可解离基团分别用 X 和 Y 表示,其解离状态随着 pH 的变化而变化。当 pH 在酸性范围时,X、Y 都带有质子,呈现 XH、YH 型,即酶以这两种状态存在;当 pH 增高时,XH 解离为 X,酶以 EH 状态存在;当 pH 继续增高时,酶分子的 2 个基团 X、Y 所带的氢离子都解离出来,酶以 E 状态存在,称为双解离模型。

4.182 齐变模型

齐变模型是由莫诺(Monod)、怀曼(Wyman)和尚热(Changeux)提出的别构酶调节酶活性的机制模型。主张别构酶的所有亚基或全部呈紧密的、不利于结合底物的"T"状态;或者全部是松散的、有利于结合底物的"R"状态。这 2 种状态间的转变对于每个亚基都是同时的、齐步发生的。与序变模型相对立。

4.183 序变模型

序变模型是由科什兰(Koshland)、内梅蒂(Nemethy)和菲尔默(Filmer)提出的别构酶调节酶活性的机制模型,主张酶分子中的亚基结合小分子物质(底物或调节物)后,亚基构象逐个地依次变化,当底物或调节物浓度上升,升到可以与其中的 1 个亚基牢固地结合时,这时剩下的亚基就会按次序迅速地改变构象,形成 1 个有活性的四聚体,并给出 S 形动力学曲线。此模型既可解释正调节分子的作用,也可解释负调

节分子的作用。

4.184 剪切反应

剪切反应指将 RNA 前体剪切为相对分子质量较小的成熟 RNA 分子。

4.185 剪接反应

剪接反应指将间隔序列(又称内含子或居间序列)除去,使两部分外显子连接在一起,成为成熟的 RNA 分子。

4.186 末端连接反应

末端连接反应指在 3′-端加上若干个核苷酸,在 5′-端加上"帽子"结构或加上一个核苷酸。

4.187 顺序序列反应

顺序序列反应指两种底物 A、B 与酶的结合是按照特定的顺序进行,先后不能调换,产物 P、Q 的释放也有特定顺序。大部分脱氢酶如乳酸脱氢酶等都是遵循顺序序列反应完成催化反应的。

4.188 随机序列反应

随机序列反应指酶与底物结合的先后顺序是随机的,可以是先结合 A 再结合 B,也可以是先结合 B 再结合 A,没有固定的顺序,产物的释放顺序也是随机的。

4.189 序列反应

序列反应指酶结合底物和释放产物是按顺序先后进行的,可以分为顺序序列反应和随机序列反应。

4.190 代谢末端产物阻遏

代谢末端产物阻遏是微生物中广泛存在的一种全局调控,指一种代谢物或其降解产物对一个基因或操纵子的阻遏作用。最常见的为葡萄糖代谢物阻遏。

4.191 分解代谢产物阻遏

分解代谢产物阻遏指细胞内同时存在两种底物时,易利用底物及其分解产物会阻遏难利用底物分解酶系合成的过程。

4.192 最适温度

在一定范围内,温度升高,酶促反应速度增大。因为温度增高,反应物的能量增加,单位时间内有效碰撞次数也增加,促使反应速度增大。但是对酶而言存在一个温度界限,在某一点之后进一步升高温度,酶促反应速度会迅速降低,这是因为温度过高会使得酶蛋白发生变性失活。因此,酶促反应速度随着温度的升高会达到一个最大值,通常称这个温度为最适温度。

4.193 最适 pH

在一定 pH 条件下酶表现出最大活力,高于或低于此 pH,活力均降低。酶表现出最大活力时的 pH 称为最适 pH。

4.194 自然进化

自然进化是在整个有机体繁殖和存活的过程中自发出现的一个非常缓慢的过程。

4.195 分子进化

分子进化指编码酶的基因在一定时间尺度内,在有机体内自发的存在随机突变、重组、从而使基因表达产物,即酶的生物活性符合有机体的生命功能需求的现象。

4.196 协同进化

协同进化指在进化中保持基因家族成员间核苷酸序列等同的分子进化机制。由于生存、生殖相互依赖的结果,物种间同步进化。

4.197 连续易错 PCR

连续易错 PCR 指即将一次 PCR 扩增所得到的突变基因作为下一次 PCR 扩增的模板,连续反复地进行随机突变,使小突变累计而增大,提高突变率。

4.198 易错 PCR

易错 PCR 又称容错 PCR,是非重组型构建突变文库的方法,指在扩增目标基因的同时引入碱基错配,导致目标基因随机突变的一种 DNA 体外进化技术。

4.199 酶的催化性质

酶的催化性质与化学催化剂相比有其显著的特点,主要体现在催化反应的高效性、专一性、温和性及酶活性可调控等四个方面。

4.200 酶活性的可调控性

酶活性的可调控性是酶区别于一般催化剂的重要特征,其调控的方式为别构调节、酶原激活、可逆共价修饰调节、金属离子调节等几种常见的调控方式。

4.201 张变、扭曲效应

张变、扭曲效应指进行酶反应时,底物先于

酶形成酶-底物络合物,由于互补性不准确,从而导致底物产生某种张变、扭曲,使基态底物转变为过渡态构象,降低活化能,因此反应得以加速。

4.202　微环境效应

微环境效应指固定化载体的亲疏水性、载体的结构形态、带电性以及反应活性对底物和产物在载体和溶液中的扩散速率的影响。固定化酶所处的微环境是否适宜直接决定固定化酶的活性、稳定性和选择性。

4.203　协同效应

协同效应指 2 种或多种组分共存时的催化剂性能要大于各组分性能加和值的现象。

4.204　同源效应

同源效应指存在于某些基因中的一段高度保守的 DNA 序列,由约 180 个碱基对组成,编码蛋白质中的含 60 个氨基酸残基的结构域,后者可与 DNA 结合。

4.205　滞后效应

别构酶和配体结合后伴随着构象的改变,这种构象的改变通常速度很快,和催化的速度大致相当。但是现在也有一些酶的构象改变十分缓慢,表现出对底物或效应物的反应比较迟钝,酶对配体应答的这种延缓现象称为滞后效应。

4.206　异促效应

异促效应指发生作用的部位是不同的,即活性部位的结合行为将受到别构部位与效应物结合的影响。

4.207　同促效应

同促效应指发生作用的部位是相同的,即一种配体(如底物)的结合对其他同种配体的亲和力的影响,这种影响一般是使亲和力加强,即第一个配体的结合引起第二个、第三个等以后的配体更容易结合。

4.208　邻近效应

邻近效应指在酶促反应中,底物分子有向酶的活性中心靠近的趋势,最终结合到酶的活性中心,使底物和底物之间、酶的催化基团与底物之间结合于同一分子而使有效浓度极大地升高,从而使反应速率大大增加的一种效应。

4.209　大分子结合修饰

大分子结合修饰指大分子物质可以在酶分子的外围形成保护层,使酶的空间结构得以保护,从而使酶的稳定性大大增强。

4.210　有限水解修饰

有限水解修饰指在酶的肽链中特定位置进行水解,使酶的空间结构发生某些改变,从而改变酶的特性和功能的方法。

4.211　侧链基团修饰

侧链基团修饰是通过选择性的试剂或亲和标记试剂与酶分子侧链上特定功能基团发生化学反应而实现的,这是酶分子化学基础研究的一个方向。

4.212　氨基酸置换修饰

氨基酸置换修饰指将酶分子肽链上的某一

个氨基酸置换成另一个氨基酸的修饰方法。

4.213　金属离子修饰

金属离子修饰指把酶分子中的金属离子换成另一种金属离子,使酶的功能和特性发生改变的修饰方法。

4.214　亲和标记修饰

亲和标记修饰是一种特殊的化学修饰方法,早期人们利用底物或过渡态类似物作为竞争性抑制剂来探索酶的活性部位结构,如果某一试剂使酶失活,那么可以推断能与该试剂反应的氨基酸是酶活力所必需的。

4.215　基因修饰

基因修饰指利用生物化学方法修改 DNA 序列,将目的基因片段导入宿主细胞内,或者将特定基因片段从基因组中删除,从而改变宿主细胞基因型或者使得原有基因型得到加强的方法。

4.216　酶分子的主链修饰

酶分子的主链修饰指利用酶分子主链的切断和连接,使酶分子的化学结构及其空间结构发生某些改变,从而改变酶的特性和功能的方法。

4.217　小分子结合修饰

酶表面一半的基团属于极性氨基酸,利用小分子化合物对酶的活性部位或者活性部位之外的侧链基团进行化学修饰,从而对酶进行改造,以改变酶的性质,改善酶的分散性,调高酶的表面活性,使酶的表面产生心得物

理、化学、机械性能及新功能,改善酶与其他物质的相容性。这种方法称为小分子结合修饰。

4.218　分子修饰

分子修饰指通过各种方法可使酶分子结构发生某些改变,从而改变酶的某些特性和功能的技术过程。

4.219　化学修饰

化学修饰指利用化学手段将某些化学物质或基团结合到酶分子上,或将酶分子的某部分删除或置换,改变酶的理化性质,最终达到改变酶的催化性质的目的。

4.220　非水相催化

非水相催化指酶在非水介质中进行的催化作用,主要是通过改变反应介质,影响酶的活性中心,使得酶存在的状态与酶结构发生改变,从而改进酶的催化特性。

4.221　静电催化

静电催化指利用静电场对底物分子的电极化效应(在电磁学中,当给电介质施加一个电场时,由于电介质内部正负电荷的相对位移,会产生电偶极子,此现象称为电极化)形成带电离子,使底物之间发生反应的过程。

4.222　分子内催化 R-酶

分子内催化 R-酶是催化本身 RNA 分子进行反应的一类核酸类酶。这类酶是最早发现的核酸类酶,均为 RNA 前体。

4.223　分子间催化 R-酶

分子间催化 R-酶是催化其他分子进行反应的核酸类酶。

4.224　半抗原诱导法

半抗原诱导法是抗体酶制备的主要方法。该法以预先设计的过渡态类似物作为半抗原以诱导抗体酶的生物合成,首先要设计好半抗原,再通过连接臂与载体蛋白(如牛血清蛋白等)偶联制成抗原,然后免疫动物,再经过单克隆抗体制备技术制备、分离、筛选得到所需的抗体酶。

4.225　酶蛋白诱导法

酶蛋白诱导法是某一种酶蛋白作为抗原诱导抗体酶产生的方法。即选定一种酶蛋白作为抗原免疫动物,在酶蛋白抗原的诱导作用下,得到能与酶特异结合的抗体酶的抗体;再将获得的抗体酶抗体免疫动物,并采用单克隆抗体制备技术获得能与抗体酶抗体特异结合的抗抗体,那么抗抗体结合部位的构象与用作抗原的酶的结合中心的构象相同,对抗抗体进行筛选,有可能获得具有原来酶活性的抗体酶。

4.226　DNA 改组

DNA 改组又称 DNA 洗牌,指基因在分子水平上进行的体外同源重组,因此又称为有性 PCR 或有性进化。

4.227　酶的提取

酶的提取指在一定的条件下,用适当的溶剂处理含酶原料,使酶充分溶解到溶剂中的过程。

4.2.2　酶动力学

4.228　反应分子数

反应分子数指在反应中真正相互作用的分子的数目。

4.229　反应级数

反应级数指根据实验结果,整个化学反应的速率服从哪种分子反应速率方程式。

4.230　协同指数

协同指数指酶分子中的结合位点被底物饱和90%和饱和10%时底物浓度的比值。

4.231　温度系数

温度高时反应速度加快,温度低时反应速度减慢,温度每升高10℃所增加的反应速度称为温度系数。

4.232　催化常数

催化常数指单位时间内每个酶分子或每一个活性部位催化的反应次数。

4.233　提纯倍数

提纯倍数指提纯前后两者比活力之比。它表示提纯过程中酶纯度提高的程度,提纯倍数越大,提纯效果越佳。

4.234　回收率

回收率指提纯前与提纯后酶的总活力之比。它表示提纯过程中酶的损失程度,回收率越高,其损失越少。

4.235　固定化酶(细胞)的活力

固定化酶(细胞)的活力指固定化酶(细胞)催化某一特定化学反应的能力,其大小可用在一定条件下它所催化的某一反应的反应初速度来表示。

4.236　固定化酶(细胞)的单位

固定化酶(细胞)的单位指每毫克干重固定化酶(细胞)每分钟转化底物(或生产产物)的量,表示为 mmol/(min·mg)。

4.237　固定化酶的活力回收

固定化酶的活力回收指固定化后固定化酶(或细胞)所显示的活力占被固定的等当量游离酶(细胞)总活力的百分数。

4.238　固定化酶(细胞)的半衰期

固定化酶(细胞)的半衰期指在连续测定条件下,固定化酶(细胞)的活力下降为最初活力一半所经历的连续工作时间。

4.239　转换率

转换率指单位时间内每个酶分子或每个活性部位催化的反应次数。

4.240　酶速度

酶最重要的特征是具有催化一定化学反应的能力,在酶催化下的化学反应进行的速度称为酶速度,代表酶的活力。

4.241　比活性

比活性是纯度的量度,指单位质量的蛋白质中所含的某种酶的催化活力,一般可以表示为 IU/mg、Kat/kg 等。

4.242　变性失活

酸、碱、有机溶剂、高温、高压等使酶的结构受到破坏,使酶失去催化活力,称为变性失活。因此,酶所催化的反应往往都是在比较温和的条件下进行的。

4.243　正调节

由于别构作用而使酶活性增强的物质称为正效应物,调节过程称为正调节。

4.244　负调节

由于别构作用而使酶活性减弱的物质称为负效应物,调节过程称为负调节。

4.245　正反馈

某一代谢途径的末端产物浓度往往可以影响该代谢途径起始阶段的某一步反应,这种影响称为反馈。若该代谢的速度由于反馈而加速,称为正反馈。

4.246　负反馈

某一代谢途径的末端产物浓度往往可以影

响该代谢途径起始阶段的某一步反应,这种影响称为反馈。若该代谢的速度由于反馈而减速,称为负反馈。

4.247 失活作用

酶是蛋白质,凡是可使酶蛋白变性而使酶蛋白活力丧失的作用称为失活作用。

4.248 抑制作用

通过对酶的活性具有抑制作用的抑制剂,与酶进行结合,使酶反应活力降低,称为抑制作用。

4.249 可逆抑制作用

对酶的活性具有可逆抑制作用的抑制剂,通常以氢键、离子键、疏水作用和范德华力等非共价相互作用与酶进行结合。以透析、超滤等物理方法除去抑制剂后,酶的活性即可恢复,称为可逆抑制作用。

4.250 酶生物合成的诱导作用

某些酶在通常情况下不合成或者合成甚少,但加入诱导物后,就能大量合成,这种现象称为酶生物合成的诱导作用。

4.251 酶活性的调节

酶活性的调节指酶分子水平上的一种代谢调节。调节机制至少包括两种,一种是通过调节剂与调节酶结合后提高或抑制酶的活性,另一种是通过蛋白酶切去某一肽段后酶被激活。

4.252 正协同作用

协同作用是指第一个分子与酶结合后对第二个分子结合产生的影响。这种影响可能有利于第二个分子的结合,称为正协同作用。

4.253 负协同作用

协同作用是指一个分子与酶结合后对第二个分子结合产生的影响。这种影响可能不利于第二个分子的结合,称为负协同作用。

4.254 同种协同作用

协同作用如果发生于同一分子,例如底物之间,则称为同种协同作用。

4.255 异种协同作用

协同作用如果发生于异种分子,例如底物与效应物之间,则称为异种协同作用。

4.256 无协同作用

无协同作用指第一个分子与酶结合后对第二个分子结合不产生影响。

4.257 衰减作用

衰减作用是一种原核生物基因表达调控方式。在该机制中,核糖体沿着 mRNA 分子移动的速度决定转录是进行还是终止,这类操纵子编码的酶参与某种氨基酸的生物合成。

4.258 反馈抑制作用

反馈抑制作用是指合成代谢的最终产物对于合成途径中的第一个酶的可逆性的抑制作用。当合成代谢的最终产物大量存在时,它便与第一个酶结合,从而抑制了酶的催化作用,当最终产物量减少时,酶活性恢复,最终产物继续合成。

4.259　同工酶的反馈抑制

同工酶的反馈抑制指在分支途径中的第一个酶有几种结构不同的一组同工酶,每一种代谢终产物只对一种同工酶具有反馈抑制作用,只有当几种终产物同时过量时,才能完全阻止反应的进行。

4.260　顺序反馈抑制

在分支代谢途径中的 2 个末端产物不能直接抑制代谢途径中的第一个酶,而是分别抑制分支点后的反应步骤,造成分支点上中间产物的积累,高浓度的中间产物再反馈抑制第一个酶的活性,当 2 个末端产物都过量时才能对途径中的第一个酶起到抑制作用。这种逐步按顺序的方式达到的调节称为顺序反馈抑制。

4.261　协调反馈抑制

协调反馈抑制指处于调节控制状态时,只有当 2 种或 2 种以上的尾产物同时过量存在时,才会出现相应的抑制或阻遏的现象。

4.262　累积反馈抑制

在分支代谢途径中,任何一种末端产物过量时都能对共同途径中的第一个酶起抑制作用,而且各种末端产物的抑制作用互不干扰。当各种末端产物同时过量时,它的抑制作用累加,称为累积反馈抑制。

4.263　酶的不可逆抑制

酶的不可逆抑制指抑制剂与酶的活性中心发生了化学反应,抑制剂共价地连接在酶分子的必需基团上,阻碍了底物的结合或破坏了酶的催化基团,不能用透析或稀释方法使酶活性恢复。

4.264　非专一性的不可逆抑制

抑制剂与酶分子上不同类型的基团都能发生化学修饰反应,这类抑制称为非专一性的不可逆抑制。

4.265　底物抑制

按照米氏方程的理论,酶促反应中底物浓度的增加量有一个范围,当底物浓度过高时反应速率又会开始下降,这就是高浓度底物对酶促反应产生了抑制作用,称为底物抑制。

4.266　产物抑制

酶促反应中,产物 P 会与游离酶结合成复合物,阻碍底物与酶的合成,从而降低了酶促反应的速度,表现为产物的抑制作用,称为产物抑制。

更新名词

4.267　脲酶的活性

脲酶的活性指在 pH 为 7.0、温度为 25℃的条件下,每分钟水解 $1\mu mol$ 尿素生成 NH_3 和 CO_2 所需的酶量。

4.268　催化速率常数或周转数

催化速率常数或周转数表示酶被底物饱和时产物形成的速率,指酶被底物饱和时,每 s 每 1 个酶分子转换底物的分子数。k_{cat} 可用来衡量一种酶的催化效率。

4.269 特异性常数

特异性常数是衡量酶将底物转化为产物的效率的指标。特异性常数的理论最大值，又称扩散极限。此时，酶与底物的每一次碰撞都会导致底物被催化，因此产物的生成速率不再为反应速率所主导，而分子的扩散速率起到了决定性作用。

4.270 酶杂乱

酶杂乱指酶除主要反应外，还具有催化副反应的能力。酶的副反应称为混杂或酶交叉反应性/特异性的"暗"面。酶的这种独特特性使生物体能够适应不同的环境条件。混杂酶可以用改变的底物改变其催化活性，并可以根据底物特性调整其催化和动力学机制。这组酶是从在极端环境条件下生存的古细菌等原始生物中发现的祖先蛋白质进化而来的。这种祖先蛋白质具有在低水平下催化广泛反应的潜力，因此创建了高度专业化酶的家族或超家族。

4.271 酶促级联反应

酶促级联反应指一种酶的酶促反应激发另一种酶进行催化反应的过程。

4.272 交联酶晶体

交联酶晶体是一种新型晶体酶催化剂，具有稳定性高、酶催化活性高、反应专一性强，使用方便和易回收等特点。

4.273 电化学酶生物传感器

电化学酶生物传感器指可以直接在电极上或介导的氧化还原反应中检测到电活性物种的生物传感器。这种技术的开发能够快速、准确定量监测加工过程中生成的次级代谢产物并提供实时结果，对保证食品质量安全具有重大意义。

4.274 酶基活性传感器

酶基生物传感器是一种以酶作为生物识别元件的生物传感器，具有灵敏度高、专一性强、检测限低、选择性好、操作简单、便于携带和可室外在线连续监测等优点，是最早实现商品化的一类生物传感器。

4.275 反馈阻遏

反馈阻遏指合成途径产生的高浓度末端产物作为辅阻遏物与操纵子编码的无活性的阻遏蛋白结合，使阻遏蛋白活化并结合到相应酶的 DNA 的操纵区，阻止 RNA 聚合酶结合到启动区或阻止其向下游转录，从而达到调控相应酶的数量的目的，影响产物的积累速度。

4.276 实时荧光定量聚合酶链反应

实时荧光定量聚合酶链反应指在 DNA 聚合酶链反应的扩增反应中，加入荧光化学物质，实时测定每次聚合酶链反应循环后产物总量，对特定 DNA 序列进行定量分析的方法。

4.3 构效关系

4.277 单酶制剂

单酶制剂指特定来源催化一种底物的酶制剂。

4.278 复合酶制剂

复合酶制剂指以1种或几种单一酶制剂为主体,加上其他单一酶制剂混合而成,或者由1种或几种微生物发酵获得的酶制剂。

4.279 食品酶制剂

食品酶制剂指1种或多种食物酶组成的配方,其中加入食品添加剂及/或其他食物配料等物质,以方便其贮存、销售、标准化、稀释或溶解。

4.280 饲用酶制剂

饲料酶制剂指为了提高动物对饲料的消化、利用或改善动物体内的代谢效能而加入饲料中的酶类物质。

4.281 酸碱催化剂

在一类化学反应中,反应的催化作用是依靠质子转移来实现的,这类反应所用的催化剂称为酸碱催化剂。

4.282 氨基修饰剂

氨基修饰剂指能使酶分子侧链上的氨基发生改变的化合物。主要有亚硝酸、2,4-二硝基氟苯、丹磺酰氯、2,4,6-三硝基苯磺酸、乙酸酐、琥珀酸酐、二硫化碳等。这些氨基修饰剂作用于酶分子侧链上的氨基使发生脱氨基作用或与氨基共价结合,将氨基屏蔽起来,从而改变酶蛋白的空间构象。

4.283 胍基修饰剂

胍基修饰剂即精氨酸残基修饰剂,一般是具有2个邻位羰基的化合物,如丁二酮、1,2-环己二酮和苯己二醛在中性或弱碱条件下能与精氨酸残基反应。精氨酸残基在结合带有阴离子底物的酶的活性部位过程中起着重要作用。还有一些在温和条件下具有光吸收性质的精氨酸残基修饰剂。

4.284 酚基修饰剂

酚基修饰剂指通过修饰剂的作用使酶分子上的酚基发生改变,从而改变酶蛋白的空间构象和特性。

4.285 亲和助表面活性剂

亲和助表面活性剂一般指含有亲和配基的助表面活性剂。

4.286 K_s 型不可逆抑制剂

K_s 型不可逆抑制剂又称亲和标记试剂,结构与底物类似,但同时携带一个活泼的化学基团,对酶分子必需基团的某一个侧链进行共价修饰,从而抑制酶的活性。

4.287 k_{cat} 型不可逆抑制剂

k_{cat} 型不可逆抑制剂又称酶的自杀性底物。这类抑制剂也是底物的类似物，但其结构中潜在一种化学活性基团，在酶的作用下，潜在的化学活性基团被激活，与酶的活性中心发生共价结合，不能再分解，酶因此失活。每一种自杀底物都有其作用对象，这是一种专一性很高的不可逆抑制剂。

4.288 基质金属蛋白酶组织抑制剂

基质金属蛋白酶组织抑制剂指参与调控组织中局部基质金属蛋白酶(matrix metauoproteinase，MMP)活性的专一性抑制剂，两者是等比例结合的。

4.289 前体

前体指在代谢或合成途径中位于某一化合物之前的一种化合物。

4.290 底物

底物指参与生化反应的物质，可以是化学元素、分子或化合物，作用可形成产物。一个生化反应的底物往往同时也是另一个化学反应的产物。

4.291 产物

产物指化学反应或生物反应中生成的化学物质。产物是在某种条件下产生的事物或结果。按照产物的产生原因和过程，可分为天然产物和人工产物。产物是多种条件和因素下作用的结果。

4.292 自杀作用物

别嘌呤醇可以被黄嘌呤氧化酶氧化成别黄嘌呤，它与酶活性中心的 Mo(IV) 牢固结合，从而使 Mo(IV) 不易转变成 Mo(VI)。这种底物类似物经酶作用后成为酶的灭活物，称为自杀作用物。

4.293 辅底物

辅底物指在参与的酶反应中略具底物作用的辅酶。

4.294 诱导物

以前认为诱导物是酶的底物，但事实上底物不一定都有诱导作用，反之，不能作为底物者有时却能诱导酶大量生成。现在认为强有力的诱导物是那些难以代谢的底物类似物。

4.295 共阻遏物

酶作用的终产物对酶合成产生阻遏作用，引起反馈阻遏的终产物往往是小分子物质，称为共阻遏物。

4.296 效应物

效应物指能调控酶活性的配体。

4.297 正效应物

正效应物指能够导致别构激活作用的效应物。

4.298 负效应物

负效应物指能够导致别构抑制作用的效

应物。

4.299 K 型效应物

别构酶的这种动力学性态还会因其他效应物的存在而进一步改变,效应物如果仅引起 K_m 改变,而不改变 V_{max} ,则称为 K 型效应物。

4.300 V 型效应物

如果不改变 K_m ,只使 V_{max} 变化,则称为 V 型效应物。

4.301 激活型效应物

激活型效应物指在 K 型效应物、V 型效应物或 K-V 混合型的效应物中起激活作用的效应物。

4.302 抑制型效应物

抑制型效应物指在 K 型效应物、V 型效应物或 K-V 混合型的效应物中有的起抑制作用的效应物。

4.303 酶反应器

酶反应器指以酶作为催化剂进行生物转化反应的装置。

4.304 均相酶反应器

均相酶反应器指直接运用游离酶催化反应的装置。

4.305 固定酶反应器

固定酶反应器指运用固定化酶进行的非均相酶反应器。

4.306 介质工程

介质工程指通过对催化剂微环境的修饰或向体系中增加添加物,引入固体基质或改变液相介质本身的组成等手段,提高酶的催化反应性和稳定性,从而达到高产率的目的。

4.307 蛋白质工程

蛋白质工程指以蛋白质分子的结构规律及与其生物功能的关系为基础,通过有控制的修饰和合成,对现有蛋白质加以定向改造,设计、构建并最终生产出性能比自然界存在的蛋白质更加优良、更加符合人类社会需要的新型蛋白质。

4.308 酶的分子工程

酶的分子工程指用化学或分子生物学的方法对酶分子进行改造的方法。

4.309 酶溶法

酶溶法指外源添加可以分解细胞壁成分的酶,如溶菌酶、葡聚糖酶、蛋白酶、壳多糖酶等,选择性破坏细胞壁结构,使胞内酶选择性释放出来的方法。

4.310 自溶法

自溶法指在适合的温度和 pH 等环境条件下,细胞自身存在的酶类的作用下,使细胞壁破碎的方法。

4.311 单链抗体

单链抗体是用基因工程方法将抗体的重链可变区和轻链可变区通过一段连接肽[通常为 $(GlySer_4)_3$]连接而成的重组蛋白,是具有结合抗原特异性的最小抗体片段。

4.312 分子印迹

分子印迹又称主-客聚合作用或模板聚合,指制备对某一化合物具有选择性聚合物的过程。这个化合物称为印迹分子或称为模板分子。

4.313 分子印迹技术

分子印迹技术是为获得在空间和结合位点上与印迹分子或完全匹配的分子印迹聚合物的制备技术。

4.314 生物印迹

生物印迹指以天然生物材料蛋白质、糖类物质等为骨架,对一些酶的配体如底物、抑制剂、过渡态类似物等进行分子印迹,制备生物印迹酶的过程。

4.315 酶分子的合理设计

利用各种生物化学、晶体学、光谱学等方法对天然酶或其突变体进行研究,获得酶分子特征、空间结构、结构和功能之间关系以及氨基酸残基功能等方面的信息,以此为依据对酶分子进行改造,称为酶分子的合理设计。

4.316 酶分子的非合理设计

不需要准确的酶分子结构信息而通过随机突变、基因重组、定向筛选等方法对其进行改造,称为酶分子的非合理设计。

4.317 酶法保鲜技术

酶法保鲜技术指通过各种酶的处理,利用酶的催化作用,防止或者消除各种外界因素对食品产生的不良影响,从而保持食品的优良品质和风味特色的技术。

更新名词

4.318 定量构效关系方法

定量构效关系方法指将化合物的结构信息、理化参数与生物活性进行分析计算,建立合理的数学模型,研究结构和活性之间的量变规律,为酶的设计、先导化合物结构改造提供理论依据的方法。

4.319 酶分子马达

酶分子马达指能够在底物溶液中表现出扩散增强行为的酶分子。酶分子马达存在于生命体中,如能量产生过程中的 ATP 酶,美国康纳尔大学的科学家利用 ATP 酶作为分子马达,研制出了一种可以进入人体细胞的纳米机电设备,这种技术仍处于研制初期,它的控制和如何应用仍是未知数。将来有可能完成在人体细胞内发放药物等医疗任务。

5 结束语

如今,人们对食品的要求已不再局限于吃饱和吃好,而更加重视其对身体的生理调节功能,即所谓的第三功能。作为食品中的第一大营养素,蛋白质由氨基酸按一定顺序结合形成的多肽链组成,它是细胞生存的基础,在生命必不可少的化学过程中发挥着核心作用。健康均衡饮食可以确保身体得到所需的不同蛋白质来构建和修复细胞组织。在食品加工领域,蛋白质的物理化学性质直接影响到产品品质,采用科学技术手段,改性食品蛋白质,以适应于不同食品加工领域及产品。其中,改性大豆蛋白、乳清蛋白等蛋白已被广泛应用于食品行业。

由蛋白质水解所形成的生物活性肽是氨基酸通过共价键(酰胺或肽键)连接形成的有机物质。虽然一些生物活性肽自由态存在其天然来源中,但是大多数已知的生物活性肽在蛋白质长链结构中以非活性状态存在,主要通过酶法释放。此外,一些生物活性肽可以通过化学合成制备。生物活性肽对人类的健康有很大作用,具有降血压、抑菌、抗氧化、提高免疫力、降胆固醇等生理功能特性。生物活性肽是新一代人体生物活性调节剂,可以预防食品氧化和微生物降解。目前,对生物活性肽的研究日益增多,食品行业基于生物活性肽的功能探索新型食品添加剂正在迅速发展。有关生物活性多肽的开发,还需注意以下几个方面:(1)研究生物活性多肽简便分离方法;(2)进一步研究生物活性肽生理功能;(3)研究食品加工条件对生物活性肽的影响;(4)研究并开发含有生物活性肽的保健食品和医药品。

科技名词的统一和规范化标志着一个国家的科技发展。蛋白质与多肽专业词语的统一化和标准化的汇编工作将进一步促进我国食品蛋白质与多肽产业的发展,助力科研人员的研究工作。衷心希望我们的汇编工作能够为从事该领域科学研究和技术开发的同仁们做出一定的贡献。

6 参考文献

[1] RIPPLE D C, DIMITROVA M N. Protein particles: What we know and what we do not know [J]. Journal of Pharmaceutical Sciences, 2012, 101(10): 3568-3579.

[2] RUAN J, CHEN K, TUSZYNSKI J A, et al. Quantitative analysis of the conservation of the tertiary structure of protein segments [J]. The Protein Journal, 2006, 25(5): 301-315.

[3] 江连洲. 食用蛋白质柔性化加工技术概述[J]. 中国食品学报, 2015, (8): 9.

[4] CEDERVALL T, LYNCH I, FOY M, et al. Detailed identification of plasma proteins adsorbed on copolymer nanoparticles [J]. Angewandte Chemie International Edition, 2007, 46(30): 5754-5756.

[5] LUNDQVIST M, STIGLER J, CEDERVALL T, et al. The evolution of the protein corona around nanoparticles: A test study [J]. ACS Nano, 2011, 5(9): 7503-7509.

[6] WU Q, LIANG Y, KONG Y, et al. Role of glycated proteins in vivo: Enzymatic glycated proteins and non-enzymatic glycated proteins [J]. Food Research International, 2022, 155: 111099.

[7] FEICHTINGER A, NIBBELINK D G, POPPE S, et al. Protein oleogels prepared by solvent transfer method with varying protein sources [J]. Food Hydrocolloids, 2022, 132: 107821.

[8] TIAN T, REN K, TONG X, et al. Co-precipitates proteins prepared by soy and wheat: Structural characterisation and functional properties [J]. International Journal of Biological Macromolecules, 2022, 212: 536-546.

[9] BURGAIN J, GAIANI C, LINDER M, et al. Encapsulation of probiotic living cells: From laboratory scale to industrial applications [J]. Journal of Food Engineering, 2011, 104(4): 467-483.

[10] SINGH A, VANGA S K, ORSAT V, et al. Application of molecular dynamic simulation to study food proteins: A review [J]. Critical Reviews in Food Science and Nutrition, 2018, 58(16): 2779-2789.

[11] SÁ A G A, MORENO Y M F, CARCIOFI B A M. Food processing for the improvement of plant proteins digestibility [J]. Critical Reviews in Food Science and Nutrition, 2020, 60(20): 3367-3386.

[12] BENIWAL A S, SINGH J, KAUR L, et al. Meat analogs: Protein restructuring during thermomechanical processing [J]. Comprehensive Reviews in Food Science and Food Safety, 2021, 20(2): 1221-1249.

[13] PAN J, ZHANG Z, MINTAH B K, et al. Effects of nonthermal physical processing technologies on functional, structural properties and digestibility of food protein: A review [J]. Journal of Food Process Engineering, 2022, 45(4): e14010.

[14] SOTO-SIERRA L, STOYKOVA P, NIKOLOV Z L. Extraction and fractionation of microalgae-based protein products [J]. Algal Research, 2018, 36: 175-192.

[15] OHANENYE I C, EKEZIE F-G C, SARTESHNIZI R A, et al. Legume seed protein digestibility

as influenced by traditional and emerging physical processing technologies[J]. Foods,2022,11 (15):2299.

[16]MOLLAKHALILI-MEYBODI N,NEJATI R,SAYADI M,et al. Novel nonthermal food processing practices:Their influences on nutritional and technological characteristics of cereal proteins [J]. Food Science & Nutrition,2022,10(6):1725-1744.

[17]HARNEY D J,LARANCE M. Annotated protein database using known cleavage sites for rapid detection of secreted proteins[J]. Journal of Proteome Research,2022,21(4):965-974.

[18]XU Y,BUMER A,MEISTER K,et al. Protein-water dynamics in antifreeze protein Ⅲ activity [J]. Chemical Physics Letters,2016,647:1-6.

[19]KOLOPP-SARDA M-N,MIOSSEC P. Practical details for the detection and interpretation of cryoglobulins[J]. Clinical Chemistry,2022,68(2):282-290.

[20]MARQUÉS M I,BORREGUERO J M,STANLEY H E,et al. Possible mechanism for cold denaturation of proteins at high pressure[J]. Physical Review Letters,2003,91(13):138103.

[21]ANGEL N,LI S,YAN F,et al. Recent advances in electrospinning of nanofibers from bio-based carbohydrate polymers and their applications[J]. Trends in Food Science & Technology,2022, 120:308-324.

[22]DICKINSON E. Food emulsions and foams:Stabilization by particles[J]. Current Opinion in Colloid & Interface Science,2010,15(1):40-49.

[23]ZANNINI E,SAHIN A W,ARENDT E K. Resistant protein:Forms and functions[J]. Foods, 2022,11(18):2759.

[24]MURRIETA-MARTíNEZ C L,SOTO-VALDEZ H,PACHECO-AGUILAR R,et al. Edible protein films:Sources and behavior[J]. Packaging Technology and Science,2018,31(3):113-122.

[25]HAMMANN F,SCHMID M. Determination and quantification of molecular interactions in protein films:A Review[J]. Material(Basel),2014,7(12):7975-7996.

[26]POST M J. Cultured meat from stem cells:Challenges and prospects[J]. Meat Science,2012,92 (3):297-301.

[27]LV M,HU W,ZHANG S,et al. Proteolysis-targeting chimeras:A promising technique in cancer therapy for gaining insights into tumor development[J]. Cancer Letters,2022,539:215716.

[28]GOTH C K,VAKHRUSHEV S Y,JOSHI H J,et al. Fine-tuning limited proteolysis:A major role for regulated site-specific o-glycosylation[J]. Trends in Biochemical Sciences,2018,43(4): 269-284.

[29]LIU S,BAO H,ZHANG L,et al. Efficient proteolysis strategies based on microchip bioreactors [J]. Journal of Proteomics,2013,82:1-13.

[30]KAHNE S C,DARWIN K H. Structural determinants of regulated proteolysis in pathogenic bacteria by ClpP and the proteasome[J]. Current Opinion in Structural Biology,2021,67:120-126.

[31]AHOLA S,LANGER T,MACVICAR T. Mitochondrial proteolysis and metabolic control[J]. Cold Spring Harbor perspectives in biology,2019,11(7):a033936.

［32］QUIRÓS P M,LANGER T,LÓPEZ-OTÍN C. New roles for mitochondrial proteases in health, ageing and disease［J］. Nature Reviews Molecular Cell Biology,2015,16(6):345-359.

［33］LYSYK L,BRASSARD R,TOURET N,et al. PARL Protease:A glimpse at intramembrane proteolysis in the inner mitochondrial membrane［J］. Journal of Molecular Biology,2020,432(18): 5052-5062.

［34］LANGOSCH D,SCHARNAGL C,STEINER H,et al. Understanding intramembrane proteolysis: from protein dynamics to reaction kinetics［J］. Trends in Biochemical Sciences,2015,40(6): 318-327.

［35］LANGE P F,OVERALL C M. Protein TAILS:when termini tell tales of proteolysis and function ［J］. Current Opinion in Chemical Biology,2013,17(1):73-82.

［36］MOGK A,SCHMIDT R,BUKAU B. The N-end rule pathway for regulated proteolysis:prokaryotic and eukaryotic strategies［J］. Trends in Cell Biology,2007,17(4):165-172.

［37］CLAUSEN T,SOUTHAN C,EHRMANN M. The htrA family of proteases:Implications for protein composition and cell Fate［J］. Molecular Cell,2002,10(3):443-455.

［38］WITTIG U,REY M,KANIA R,et al. Challenges for an enzymatic reaction kinetics database ［J］. The FEBS Journal,2014,281(2):572-582.

［39］BITTNER L-M,ARENDS J,NARBERHAUS F. Mini review:ATP-dependent proteases in bacteria［J］. Biopolymers,2016,105(8):505-517.

［40］DI CERA E. Serine proteases［J］. IUBMB Life,2009,61(5):510-515.

［41］KAWADA T,OSUGI T,MATSUBARA S,et al. Omics studies for the identification of ascidian peptides,cognate receptors,and their relevant roles in ovarian follicular development［J］. Frontiers in Endocrinology,2022,13:858885.

［42］《化学名词》(第二版),《林学名词》(第二版)预公布［J］. 中国科技术语,2015,17(5):1.

［43］DE GROOT A,SAINT-AUBIN C,BOSMA A,et al. Rapid determination of HLA B*07 ligands from the west nile virus NY99 genome［J］. Emerging Infectious Disease journal,2001,7(4):706.

［44］SAWADA T,OYAMA R,TANAKA M,et al. Discovery of surfactant-like peptides from a phage-displayed peptide library［J］. Viruses,2020,12(12):1442.

［45］杨再兴,尹秀华,张梦玲,等. 碳基纳米材料及其应用［Z］. 2019. 10-15.

［46］SHARMA A,KUMAR A,DE LA TORRE B G,et al. Liquid-phase peptide synthesis (LPPS):A third wave for the preparation of peptides［J］. Chemical Reviews, 2022, 122 (16): 13516- 13546.

［47］QIU R,SASSELLI I R,ÁLVAREZ Z,et al. Supramolecular copolymers of peptides and lipidated peptides and their therapeutic potential［J］. Journal of the American Chemical Society,2022,144 (12):5562-5574.

［48］YANG P,LI Y,CAO Y,et al. Rapid discovery of self-assembling peptides with one-bead one-compound peptide library［J］. Nature Communications,2021,12(1):4494.

［49］WEI T,LI D,ZHANG Y,et al. Thiophene-2,3-dialdehyde enables chemoselective cyclization on unprotected peptides,proteins,and phage displayed peptides［J］. Small Methods,2022,6 (11):2201164.

[50]LI J,TUMA J,HAN H,et al. The coiled-coil forming peptide (KVSALKE)5 is a cell penetrating peptide that enhances the intracellular delivery of proteins[J]. Advanced Healthcare Materials,2022,11(9):2102118.

[51]ZHAO W,SU L,HUO S,et al. Virtual screening,molecular docking and identification of umami peptides derived from *Oncorhynchus* mykiss[J]. Food Science and Human Wellness,2023,12(1):89-93.

[52]ZHANG J,ZHANG J,LIANG L,et al. Identification and virtual screening of novel umami peptides from chicken soup by molecular docking[J]. Food Chemistry,2023,404:134414.

[53]GAO B,HU X,XUE H,et al. Isolation and screening of umami peptides from preserved egg yolk by nano-HPLC-MS/MS and molecular docking[J]. Food Chemistry,2022,377:131996.

[54]WANG W,HUANG Y,ZHAO W,et al. Identification and comparison of umami-peptides in commercially available dry-cured Spanish mackerels (Scomberomorus niphonius) [J]. Food Chemistry,2022,380:132175.

[55]SHIYAN R,LIPING S,XIAODONG S,et al. Novel umami peptides from tilapia lower jaw and molecular docking to the taste receptor T1R1/T1R3[J]. Food Chemistry,2021,362:130249.

[56]LIANG L,DUAN W,ZHANG J,et al. Characterization and molecular docking study of taste peptides from chicken soup by sensory analysis combined with nano-LC-Q-TOF-MS/MS[J]. Food Chemistry,2022,383:132455.

[57]YU H,WANG X,XIE J,et al. Isolation and identification of bitter-tasting peptides in Shaoxing rice wine using ultra-performance liquid chromatography quadrupole time-of-flight mass spectrometry combined with taste orientation strategy [J]. Journal of Chromatography A,2022,1676:463193.

[58]MAEDA Y,OKUDA M,HASHIZUME K,et al. Analyses of peptides in sake mash:Forming a profile of bitter-tasting peptides[J]. Journal of Bioscience and Bioengineering,2011,112(3):238-246.

[59]CHANG J,FENG T,ZHUANG H,et al. Taste mechanism of kokumi peptides from yeast extracts revealed by molecular docking and molecular dynamics simulation[J]. Journal of Future Foods,2022,2(4):358-364.

[60]ZHANG B,LIU J,WEN H,et al. Structural requirements and interaction mechanisms of ACE inhibitory peptides:molecular simulation and thermodynamics studies on LAPYK and its modified peptides[J]. Food Science and Human Wellness,2022,11(6):1623-1630.

[61]BASKARAN R,CHAUHAN S S,PARTHASARATHI R,et al. *In silico* investigation and assessment of plausible novel tyrosinase inhibitory peptides from sesame seeds [J]. LWT,2021,147:111619.

[62]LIU H,LIANG J,XIAO G,et al. Active sites of peptides Asp-Asp-Asp-Tyr and Asp-Tyr-Asp-Asp protect against cellular oxidative stress[J]. Food Chemistry,2022,366:130626.

[63]XIE C,FAN Y,YIN S,et al. Novel amphibian-derived antioxidant peptide protects skin against ultraviolet irradiation damage[J]. Journal of Photochemistry and Photobiology B:Biology,2021,224:112327.

［64］DENG X,MAI R,ZHANG C,et al. Synthesis and pharmacological evaluation of a novel synthetic peptide CWHTH based on the Styela clava-derived natural peptide LWHTH with improved antioxidant,hepatoprotective and angiotensin converting enzyme inhibitory activities［J］. International Journal of Pharmaceutics,2021,605:120852.

［65］YANG S,YUAN Z,AWEYA J J,et al. Antibacterial and antibiofilm activity of peptide PvGBP2 against pathogenic bacteria that contaminate auricularia auricular culture bags［J］. Food Science and Human Wellness,2022,11(6):1607-1613.

［66］GAYATHRI K V,AISHWARYA S,KUMAR P S,et al. Metabolic and molecular modelling of zebrafish gut biome to unravel antimicrobial peptides through metagenomics［J］. Microbial Pathogenesis,2021,154:104862.

［67］WUBULIKASIMU A,HUANG Y,WALI A,et al. A designed antifungal peptide with therapeutic potential for clinical drug-resistant *Candida albicans*［J］. Biochemical and Biophysical Research Communications,2020,533(3):404-409.

［68］MANJU DEVI S,RAJ N,SASHIDHAR R B. Efficacy of short-synthetic antifungal peptides on pathogenic Aspergillus flavus［J］. Pesticide Biochemistry and Physiology,2021,174:104810.

［69］YOU H,ZHANG Y,WU T,et al. Identification of dipeptidyl peptidase IV inhibitory peptides from rapeseed proteins［J］. LWT,2022,160:113255.

［70］YANG B,YUAN L,ZHANG W,et al. Sturgeon protein-derived peptide KIWHHTF prevents insulin resistance via modulation of IRS-1/PI3K/AKT signaling pathways in HepG2 cells ［J］. Journal of Functional Foods,2022,94:105126.

［71］XIANG X,LANG M,LI Y,et al. Purification,identification and molecular mechanism of dipeptidyl peptidase IV inhibitory peptides from discarded shrimp (*Penaeus vannamei*) head［J］. Journal of Chromatography B,2021,1186:122990.

［72］LIU Y,LIN S,HU S,et al. Co-administration of Antarctic krill peptide EEEFDATR and calcium shows superior osteogenetic activity［J］. Food Bioscience,2022,48:101728.

［73］LIN S,HU X,LI L,et al. Preparation,purification and identification of iron-chelating peptides derived from tilapia (*Oreochromis niloticus*) skin collagen and characterization of the peptide-iron complexes［J］. LWT,2021,149:111796.

［74］CAI L,LIU S,GUO J,et al. Polypeptide-based self-healing hydrogels:Design and biomedical applications［J］. Acta Biomaterialia,2020,113:84-100.

［75］黄九九,李楠,余业进,等. 有机阴离子转运多肽及其对药物吸收,分布和排出的影响［J］. 今日药学,2010,20(12):4.

［76］厉保秋. 多肽药物研究与开发［M］. 多肽药物研究与开发,2011.

［77］GAO G,WANG Y,HUA H,et al. Marine antitumor peptide dolastatin 10:Biological activity, structural modification and synthetic chemistry［J］. Marine Drugs,2021,19(7):363.

［78］SUN N,JIN Z,LI D,et al. An exploration of the calcium-binding mode of egg white peptide, Asp-His-Thr-Lys-Glu,and in vitro calcium absorption studies of peptide-calcium complex ［J］. Journal of Agricultural and Food Chemistry,2017,65(44):9782-9789.

［79］AMSO Z,CORNISH J,BRIMBLE M A. Short anabolic peptides for bone growth［J］. Medicinal

Research Reviews,2016,36(4):579-640.

[80]KOTIN A M,EMELYANOV M O,KOTIN O A. Low-molecular synthetic peptides with non-narcotic type of analgesia:comparative study and mechanism of analgesic activity[J]. Molecular Pain,2019,15:946.

[81]JAHANDIDEH F,BOURQUE S L,WU J. A comprehensive review on the glucoregulatory properties of food-derived bioactive peptides[J]. Food Chemistry:X,2022,13:100222.

[82]KUMAR M S. Peptides and peptidomimetics as potential antiobesity agents:overview of current status[J]. Frontiers in Nutrition,2019,6:11.

[83]PRADOS I M,MARINA M L,GARCÍA M C. Isolation and identification by high resolution liquid chromatography tandem mass spectrometry of novel peptides with multifunctional lipid-lowering capacity[J]. Food Research International,2018,111:77-86.

[84]LICINI G,SCRIMIN P. Metal-ion-binding peptides:From catalysis to protein tagging[J]. Angewandte Chemie International Edition,2003,42(38):4572-4575.

[85]JORDAN,DESPANIE,JUGAL,et al. Elastin-like polypeptides:Therapeutic applications for an emerging class of nanomedicines[J]. Journal of Controlled Release,2016(240):93-108.

[86]JIMENEZ-ESCRIG A,GOMEZ-ORDONEZ E,RUPEREZ P. Seaweed as a source of novel nutraceuticals:Sulfated polysaccharides and peptides[J]. Advances in Food and Nutrition Research,2011,64:325-337.

[87]HUTCHINSON J A,BURHOLT S,HAMLEY I W. Peptide hormones and lipopeptides:from self-assembly to therapeutic applications[J]. Journal of Peptide Science,2017,23(2):82-94.

[88]BURNESS C B,SCOTT L J. Dulaglutide:A Review in Type 2 Diabetes[J]. BioDrugs,2015.

[89]MEIER J J. Efficacy of semaglutide in a subcutaneous and an oral formulation[J]. Frontiers in Endocrinology,2021,12:645617.

[90]DRUCKER,DANIEL J. Liraglutide[J]. Nature Reviews Drug Discovery,2010,9(4):267-268.

[91]PROD'HOMME T, ZAMVIL S S. The evolving mechanisms of action of glatiramer acetate [J]. Cold Spring Harb Perspect Med,2019,9(2)a029249.

[92]BLONDE L,CHAVA P,DEX T,et al. Predictors of outcomes in patients with type 2 diabetes in the lixisenatide GetGoal clinical trials[J]. Diabetes,Obesity and Metabolism,2017,19(2):275-283.

[93]KASINDI A,FUCHS D-T,KORONYO Y,et al. Glatiramer acetate immunomodulation:Evidence of neuroprotection and cognitive preservation[J]. Cells,2022,11(9):1578.

[94]WANG Z,XU Z,SUN L,et al. Dynamics of microbial communities,texture and flavor in suan zuo yu during fermentation[J]. Food Chemistry,2020,332:127364.

[95]XU Z,ZHAO F,CHEN H,et al. Nutritional properties and osteogenic activity of enzymatic hydrolysates of proteins from the blue mussel (Mytilus edulis)[J]. Food & Function,2019,10(12):7745-7754.

[96]TAN X,QI L,FAN F,et al. Analysis of volatile compounds and nutritional properties of enzymatic hydrolysate of protein from cod bone[J]. Food Chemistry,2018,264(OCT. 30):350-357.

[97]LAOHAKUNJIT N,SELAMASSAKUL O, KERDCHOECHUEN O. Seafood-like flavour obtained

from the enzymatic hydrolysis of the protein by-products of seaweed (Gracilaria sp.)[J]. Food Chemistry,2014,158(sep. 1):162-170.

[98]谢晓霞. 文蛤与蓝蛤鲜味肽的呈味特性及其与鲜味受体 T1R1/T1R3 的分子作用研究 [D]. 渤海大学,2019.

[99]BELITZ H D,WIESER H. Bitter compounds:Occurrence and structure-activity relationships [J]. Food Reviews International,1985,1(2):271-354.

[100]黄高凌,王衍庆. 花蛤净化前后主要营养成分及鲜味氨基酸的比较[J]. 食品科学,2006, 27(10):4.

[101]WU L,TANG Z,CHEN H,et al. Mutual interaction between gut microbiota and protein/amino acid metabolism for host mucosal immunity and health[J]. 动物营养:英文版,2021,(1), 11-16.

[102]ZHENG J,XIAO H,DUAN Y,et al. Roles of amino acid derivatives in the regulation of obesity [J]. Food & Function,2021,12(14):6214-6225.

[103]HEINEMANN B,HILDEBRANDT T M. The role of amino acid metabolism in signaling and metabolic adaptation to stress-induced energy deficiency in plants[J]. Journal of Experimental Botany,2021,72(13):4634-4645.

[104]SI L,XU H,ZHOU X,et al. Generation of influenza a viruses as live but replication-incompetent virus vaccines[J]. Science,2016,354(6316):1170-1173.

[105]LE COUTEUR D G,SOLON-BIET S M,COGGER V C,et al. Branched chain amino acids,aging and age-related health[J]. Ageing Research Reviews,2020,64:101198.

[106]KOMARAVOLU Y,DAMA V R,MARINGANTI T C. Novel,efficient,facile,and comprehensive protocol for post-column amino acid analysis of icatibant acetate containing natural and unnatural amino acids using the QbD approach[J]. Amino Acids,2019,51(2):295-309.

[107]VIOLI J P,BISHOP D P,PADULA M P,et al. Acetonitrile adduct analysis of underivatised amino acids offers improved sensitivity for hydrophilic interaction liquid chromatography tandem mass-spectrometry[J]. Journal of Chromatography A,2021,1655:462530.

[108]CARENZI G,SACCHI S,ABBONDI M,et al. Direct chromatographic methods for enantioresolution of amino acids:recent developments[J]. Amino Acids,2020,52(6):849-862.

[109]PU L. Chemoselective and enantioselective fluorescent identification of specific amino acid enantiomers[J]. Chemical Communications,2022,58(58):8038-8048.

[110]QIU J,CRAVEN C,WAWRYK N,et al. Integration of solid phase extraction with HILIC-MS/MS for analysis of free amino acids in source water[J]. Journal of Environmental Sciences, 2022,117:190-196.

[111]MARCONE G L,ROSINI E,CRESPI E,et al. D-amino acids in foods[J]. Applied Microbiology and Biotechnology,2020,104(2):555-574.

[112]D'ESTE M,ALVARADO-MORALES M,ANGELIDAKI I. Amino acids production focusing on fermentation technologies-A review[J]. Biotechnology Advances,2018,36(1):14-25.

[113]NOVIKOVA I V,ZHOU M,DU C,et al. Tunable heteroassembly of a plant pseudoenzyme-enzyme complex[J]. ACS Chemical Biology,2021,16(11):2315-2325.

[114] AHENKORAH I, RAHMAN M M, KARIM M R, et al. A review of enzyme induced carbonate precipitation (EICP): The role of enzyme kinetics[J]. 2021,2(1):92-114.

[115] TAHERI-KAFRANI A, KHARAZMI S, NASROLLAHZADEH M, et al. Recent developments in enzyme immobilization technology for high-throughput processing in food industries[J]. Critical Reviews in Food Science and Nutrition,2021,61(19):3160-3196.

[116] VERMELHO A B, CARDOSO V, NASCIMENTO R P, et al. Application of microbial enzymes in the food industry[M]. Advances in Food Biotechnology,2015.

[117] FU Z, ZHU Y, TENG C, et al. Biochemical characterization of a novel feruloyl esterase from *Burkholderia* pyrrocinia B1213 and its application for hydrolyzing wheat bran[J]. 3 Biotech, 2022,12(1):24.

[118] MICIONI DI BONAVENTURA E, BOTTICELLI L, DEL BELLO F, et al. Assessing the role of ghrelin and the enzyme ghrelin-*O*-acyltransferase (GOAT) system in food reward, food motivation, and binge eating behavior[J]. Pharmacological Research,2021,172:105847.

[119] XUE L, YIN R, HOWELL K, et al. Activity and bioavailability of food protein-derived angiotensin-I-converting enzyme-inhibitory peptides[J]. Comprehensive Reviews in Food Science and Food Safety. 2021,20(2):1150-1187.

[120] RIORDAN J F. Angiotensin-I-converting enzyme and its relatives[J]. Genome Biology,2003, 4(8):225.

[121] LO K B, BHARGAV R, SALACUP G, et al. Angiotensin converting enzyme inhibitors and angiotensin II receptor blockers and outcomes in patients with COVID-19: a systematic review and meta-analysis[J]. Expert review of cardiovascular therapy,2020,18(12):919-930.

[122] RAMOS J. Extremophile enzymes for food additives and fertilizers[J]. Microbial biotechnology, 2022,15(1):81-83.

[123] SHARMA A, GUPTA G, AHMAD T, et al. Enzyme engineering: Current trends and future perspectives[J]. Taylor and Francis,2021,(2).

[124] MARKIN C J, MOKHTARI D A, SUNDEN F, et al. Revealing enzyme functional architecture via high-throughput microfluidic enzyme kinetics[J]. Cold Spring Harbor Laboratory,2020, (6553).

[125] LI J, WANG S, LIU C. Going beyond the local catalytic activity space of chitinase using a simulation-based iterative saturation mutagenesis strategy[J]. ACS catalysis,2022,(16):12.

[126] SINGH S, ANAND R. Tunnel architectures in enzyme systems that transport gaseous substrates [J]. ACS Omega,2021,6(49):33274-33283.

[127] MONTERREY D T, IVÁN. AYUSO-FERNÁNDEZ, OROZ-GUINEA I, et al. Design and biocatalytic applications of genetically fused multifunctional enzymes[J]. Biotechnology advances, 2022,60:108016.

[128] AALBERS F S, FRAAIJE M W. Enzyme fusions in biocatalysis: Coupling reactions by pairing Enzymes[J]. WILEY-V C H VERLAG GMBH,2019,20(1):20-28.

[129] KUMAREVEL T S, KARTHE P, KURAMITSU S, et al. Crystal structure of the arginase from thermus thermophilus[J]. 2007.

[130]FRHLICH C,CHEN J Z,GHOLIPOUR S,et al. Evolution of β−lactamases and enzyme promiscuity[J]. Protein Engineering,Design and Selection,2021,34.

[131]TOOR R,HOURDIN L,SHANMUGATHASAN S,et al. Enzymatic cascade reaction in simple−coacervate[J]. Journal of Colloid and Interface Science,2023,629:46−54.

[132]ZHANG C,CHEN C,ZHAO D,et al. Multienzyme cascades based on highly efficient metal−nitrogen−carbon nanozymes for construction of versatile bioassays[J]. Analytical Chemistry, 2022,94(8):3485−3493.

[133]NGUYEN L T,YANG K−L. Combined cross−linked enzyme aggregates of horseradish peroxidase and glucose oxidase for catalyzing cascade chemical reactions[J]. Enzyme and Microbial Technology,2017,100:52−59.

[134]PANG C,YIN X,ZHANG G,et al. Current progress and prospects of enzyme technologies in future foods[J]. Systems Microbiology and Biomanufacturing,2021,1(1):24−32.

[135]ZHOU Y,MA B,TAO J−J,et al. Rice EIL1 interacts with OsIAAs to regulate auxin biosynthesis mediated by the tryptophan aminotransferase MHZ10/OsTAR2 during root ethylene responses [J]. The Plant Cell,2022,34(11):4366−4387.

[136]ZHANG X,QIAO C,FU S,et al. DNA−based qualitative and quantitative identification of bovine whey powder in goat dairy products[J]. Journal of Dairy Science, 2022, 105 (6): 4749−4759.

[137]GAO W,MA X,YANG H,et al. Molecular engineering and activity improvement of acetylcholinesterase inhibitors:Insights from 3D−QSAR,docking,and molecular dynamics simulation studies[J]. Journal of Molecular Graphics and Modelling,2022,116:108239.

[138]OMABEGHO T. Allosteric linkages that emulate a molecular motor enzyme[J]. Cold Spring Harbor Laboratory,2021.